JN129065

続・石と造園100話

小林　章　著

大徳寺龍源院

本書の出版を妻・由枝に感謝する

まえがき

拙著「石と造園 100 話」はさいわい好評であった。そこで続編として、この「続・石と造園 100 話」を編んだ。石材は造園に大切な素材であり、まだ書いておきたい話題もあった。続編とはいえこの本は単独で読んでいただけるように構成した。

本書は日本各地の社寺境内、庭園、都市公園、広場、自然公園など造園における石の種類と使い方を、おおむね作品の年代順の 100 話に解説し、作品の成立した背景や石の産地についても述べた。100 話のいずれの話から読んでいただいてもよい。既刊「石と造園 100 話」に採り上げた庭園や公園からも、また新たに石の利用例を選んだが、世評高い造園作品は石の利用も多彩である。本書には粘板岩、花崗岩、流紋岩そして海蝕のある石の利用例を充実させたつもりである。

海岸・河川・野山で自然に風化した石の表面の状態を野面（のづら）と言い、自然に風化した転石を野面石（のづらいし）と言う。庭石は主に野面石を使う。しかし粘板岩・緑色片岩・安山岩・花崗岩・流紋岩など石質の違いにより、野面の外観は異なり、造園は素材を活かす作品なので、石組の構成も違ってくる。本書の写真で見比べていただければと思う。石の産地の写真も随所に挿入した。

人工的にカットし表面の状態をさまざまに加工した石を切石と言い、形・大きさなど、造園の石の利用目的に応じて工夫されている。

既刊「石と造園 100 話」は造園技術者や造園を学ぶ学生向けにハンディに編んだ本であったが、庭園や公園の愛好者にも読まれたことは望外の喜びである。ガイドブックとして使っているという声もいただいた。

図の写真は、モノクロ写真も含め、すべて著者が撮影した。

東京農業大学出版会の袖山松夫氏には「石と造園 100 話」に続き、編集上万般のお世話になった。

2017 年 2 月

東京農業大学名誉教授
博士（農学）小林　章

目　次

凡例・註

・本文中の（⇒数字）は、関連する話の番号を示す。
・図のキャプションの（数字）は、写真の撮影年。
・図のキャプションの〈flash〉は、石の色彩や表面の特徴を明瞭に撮影するためフラッシュを使用。自然光で見る庭と見え方がやや違っている。
・石の色を見た印象に近く撮影しやすいため、図に降雨時の写真もある。色彩計で測ると、石の表面色は濡れると明度が下がり、彩度は上がらない。

表　紙：名古屋城二の丸庭園（名古屋市）
裏表紙：兼六園（金沢市）
表見返し：雑賀崎の青石（和歌山市）
裏見返し：「細間の段」の石切場跡（下田市）

1　上賀茂神社境内　ならの小川と石（京都府京都市）

上賀茂神社の境内の森を御手洗川が曲線を描いて流れ、それに沿うように社殿や橋が配置されている。本殿（国宝）は江戸時代の建築で、素木の社殿群がよく保存されている。百人一首の従二位家隆の歌。

〈風そよぐ　ならの小川の　夕暮れは　みそぎぞ夏の　しるしなりける〉

ならの小川は御手洗川のこと、みそぎは六月祓のこと。いまも夏に小川で水遊びをする参拝者を見ることができる。多くの神社に御手洗という水を湛える石の手水鉢があるが、原型は境内の清流であった。

ならの小川の畔に岩石（チャート）の露頭がある。磐座でなくとも平坦地の神社境内で岩石の露頭は神聖なものとされ､聖地の要素なのであろう。それを庭石とは言わないが、その原型でもあろうか。ならの小川の流路を保つため粗く割った石を積んだ護岸があり、1780（安永 9）年の「都名所図会」にも石積みは描かれていた。小川の底は平坦にされている。

上賀茂神社、正式には賀茂別雷神社、古代氏族･賀茂氏の氏神であり、平安遷都以前からの神社である。上賀茂神社は京都旧市街の碁盤の目の北、賀茂川の畔の森にあり、下賀茂神社と共に 5 月に葵祭を催行する。下賀茂神社は正式には賀茂御祖神社、少し下流で高野川と合流する、糺の森に鎮座。賀茂氏の祖先は神話の初代･神武天皇の東征を八咫烏（3 本足のカラス）として先導した神とされる。葵祭は京都御所から勅使と王朝絵巻の行列が出発する宮中の祭であった。明治になり天皇と公卿が東京へ移り葵祭は途絶える。しかし明治政府は祭政一致、国家の宗教は神道であり、下賀茂神社・上賀茂神社は社格制度の最高の官幣大社筆頭とされ、東京で鹿鳴館の舞踏会が盛んな 1884（明治 17）年、葵祭は官祭として再興された。

葵祭は太平洋戦争中途絶えたが京都は戦災がほとんど無く、政教分離の戦後日本で、1953（昭和 28）年に葵祭は葵祭行列協賛会により復活した。

図 1　ならの小川の石段　チャートを使う（1979）

「都名所図会」に描かれていない、ならの小川に降りる石段がいくつかある。これは 1956（昭和 31）年から葵祭に先立ち、十二単に小忌衣の装束の斎王代（若い未婚の女性から選ばれる）がみそぎを行う場所にもなる。

図 1-2　上賀茂神社　ならの小川の畔の露頭（1979）

図 1-3　上賀茂神社　ならの小川と石積み（1979）

2 上賀茂神社境内　細殿前の立砂（京都府京都市）

上賀茂神社の境内には細粒の白砂が敷かれている。京都の北白川花崗岩の砂、白川砂（しらかわすな）である（⇒34）。ことに鳥居から本殿に至る参道は白砂が厚い。京都の枯山水の白砂は粗粒で、この神社のように細かくない。

細殿（ほそどの）（重文）と呼ばれる建物の前に一対の円錐形の盛砂があり、立砂（たてすな）と呼ばれる。その円錐は底面の円の直径と高さが同等で急勾配である。これは「都名所図会」には描かれていない。立砂は細粒の白砂を盛り上げ、円錐の頂点には雌雄の松葉が立てられている。松によって立砂は神の降臨する神籬（ひもろぎ）ということになる。重陽の節句（9月9日）にこの立砂の前で子供たちによる「烏相撲（からすすもう）」という相撲を取る神事が執行される。賀茂氏の祖先は神話の神武天皇の東征を八咫烏（やたがらす）として先導した神とされる。

京都の盛砂の本来の役割は、賓客の到来に際して砂を崩し、新しい敷砂で迎えるためであった。上賀茂神社ほど急傾斜ではないが、盛砂は京都の寺院にもある。

湿らせた細粒の白川砂を叩き締めて急勾配の円錐に盛り上げるのはさして困難ではなく、乾燥しても崩れず、降雨で過湿になると崩れる。

図2　上賀茂神社　細殿前の立砂（1979）

毛越寺庭園　遣水の石組（岩手県平泉町）

3

広々としてゆるやかな傾斜のある野に、曲線を描く流れ。流れの底には玉石。流れは上流の滝石組から浄土庭園の「大泉が池」に注ぎ込む。景色に溶け込んで自然なものに見えるが、人の造った遣水である。平安時代の「作庭記」の記述そのままの遣水は、平泉の毛越寺境内で発掘されて存在が明らかになった。

土を掘って流れの曲線を形作り、石で補強して造形している。滝石組の下流、やや広くなったところに玉石を集めた中州がある。さらに下流の流れの中に石で表した中島がある。池に近く、堰がありそこに小さな滝ができる。遣水の池への落ち口の周辺の稜角のある割れた肌の石による石組がよい。気品の漂う遣水である。

遣水の上流から下流まで玉石を含めて黒い粘板岩を使っている。粘板岩の加工品は書道の硯石が代表格だが、板状に割れやすい節理があり、野面石は扁平である。石材の色彩からはモノクロの遣水になる。

陸奥の国で砂金が発見され、北上川の近くに平泉は栄えた。

毛越寺は 12 世紀、奥州藤原氏の 2 代基衡、3 代秀衡の時代に伽藍が整備され、その遺構が現存し、浄土庭園に往時の美しさを留めている。天台宗の別格本山の寺院、世界遺産である。

図 3　毛越寺庭園　遣水の石組（2012）

4 天龍寺庭園の滝石組（京都府京都市）

京都の嵐山に臨む境内地である。広い池の対岸、山裾の傾斜の急な場所に滝を造った。現在滝水は流れていないが、滝を表す石組が優れている。池畔から山裾に幅広く石が配されているが、高く奥へせり上るかのように渓谷と滝を表す石を組んでいる。滝石組の石は縦長に立てて使い、かつ幅広の面を見せて組み、数段の滝になっている。石の形と配置は鉛直線と水平線が利いて力強く綺麗である。

滝の右手前、池中のほっそりした岩島も庭の景を奥行きあるものにし、引き締めている。滝の左側、水に浮かぶように配された数個の石は夜泊石、船団を表す。庭石は苔むしているが京都の地元の石を多く使い、滝の手前の石橋はチャートであるが、滝石組の一部に結晶片岩を使っている。結晶片岩は日本列島を縦断する三波川変成帯の地質に産し、京都盆地周辺では採れない。京都に近い結晶片岩の産地は和歌山あるいは徳島で、いずれにせよ大阪湾から淀川を船でさかのぼり石を運んだことになる。

世界遺産・天龍寺は臨済宗天龍寺派の寺院、夢窓疎石（国師）が足利尊氏に説き、後醍醐天皇の慰霊のために 1346（貞和 2，正平元）年に建立し、造天龍寺船が元に派遣された。天龍寺以前に後嵯峨院の亀山殿として 13 世紀後半に造営され、滝のある庭も完成していたようである。

図 4　天龍寺庭園の滝石組（1994）

銀閣寺庭園　石橋の連なり（京都府京都市）

5

銀閣寺（慈照寺）は室町幕府 8 代将軍・足利義政が造営した東山山荘に始まる。銀閣寺で国宝建築・東求堂（とうぐどう）（15 世紀）の内部が公開される機会には、その室内から庭を眺めたい。創建時の東求堂は義政の持仏堂で質素、重厚、典雅であり、書院造・茶室の源流と言われる室、同仁斉がある。

庭の池に中島の「白鶴島」があり、その両岸に石橋が架けられ、青石（緑色片岩）を用いている。東求堂からは池の中央に中島、それを挟んで左右に架けられた石橋が連なって見える。左の石橋は 1 枚、右の石橋は 2 枚で、池畔の石組と相まって、きりりと引き締まって格調高い景がそこにある。高さを抑えた中島の水際に鉛直線を活かして石を立ち上げ、石橋の水平線が水上に映える。東求堂から見た庭の景は優れて絵画的である。東求堂は創建時の位置から移動されたと考えられているとはいえ、建物と庭が一体に構成された典型といえよう。

緑色片岩には自然の形のままで石橋の適材がある。野面の青石は、細長く薄く、庭の景の中で大きく感じられる。

義政が収集した美術工芸品の数々は「東山御物（ひがしやまぎょぶつ）」と呼ばれ、中国の南宋時代の曜変天目茶碗など名品が揃っていた。義政は美に関して優れた目利きであった。世界遺産・銀閣寺は臨済宗相国寺派の寺院。

図 5　東求堂から見る銀閣寺庭園の石橋（1991）

6 大徳寺大仙院枯山水 流れを下る青石の船（京都府京都市）

青石（緑色片岩）の船が舳先を挙げて流れを下ろうとしている。舳先の向かう下流方向、敷砂の面すれすれに伏せるように配した小さな石が水面を表して効果的である。敷砂は京都の白川砂（花崗岩）である。船よりも奥、対岸に相当する塀に近く、盛り上がったように丸みを帯びた青石を据えて遠い山を表し、船の浮かぶ流れの景に奥行きを与えている。

大徳寺大仙院は古岳宗亘が開き、国宝の方丈（16 世紀初期）は室町時代の禅宗の方丈建築として典型的な六つの室のある構造を持つ。その一つの室から見るように構成された枯山水で、山・川・船の大きな景色を具象的に青石で縮めて表現している。たとえ白砂に砂紋が無くても、流れる水は目に浮かぶであろう。船に見立てられた青石は薄く、舳先を上げた細身の船体になっている。各地の庭園に船形の石はあるが幅広の石が多く、これほど細身の石の船は珍しい。長方形の狭い敷地に似つかわしい船である。緑色片岩は板状節理があり（⇒ 4）、この船も石質の特徴を活かしている。青石の青は青葉の青で、植物の葉と同じ色相である。

この枯山水の上流に相当するところに青石の滝石組があるが、そちらは庭を横断する短い屋形橋のような渡り廊下から見るよう構成されている。

大徳寺大仙院は臨済宗大徳寺派の寺院。

図 6　大仙院枯山水　青石の船（1991）

大徳寺龍源院枯山水　須弥山の石組（京都府京都市） 7

禅宗寺院の方丈（16 世紀）は重文の建築、その北側に青石（緑色片岩）の石組による、枯山水がある。「龍吟庭」と呼ばれる。主石の青石はひときわ高く細長く角張った形をしており、向かって右に傾けて立てられている。主石が傾いているのに安定感があるのは、石の天端が水平に据えられ、主石と左右の小ぶりの石による三石組のバランスがよいからである。この石組は須弥山（しゅみせん）を表すとされている。主石を傾けたことで庭の石組全体に動きと勢いが感じられる。北庭であるから石組を順光で鑑賞できる。

狭い枯山水では庭石の一つ一つの細部まで見えるので、石材を選び、それをより美しく見せる技法が発達した。主石自体が、石の色、表面の褶曲、縦方向の白い条線など、魅力的な青石である。この主石があればこそ枯山水が成り立っている（⇒扉）。

この枯山水の地表は苔で覆われており、それが角張った主石のある石組の印象を和らげている。京都の枯山水は地表に白川砂が敷かれている例が多く、この庭も地表は当初白砂の敷砂であったかも知れない。大徳寺境内の環境は昔の写真ではスギの大樹が鬱蒼としていたほどで、白川砂を敷いても苔は容易に侵入してくる。

大徳寺龍源院は、臨済宗大徳寺派の寺院。

図 7　龍源院枯山水　須弥山の石組（1988）

8 興聖寺　旧秀隣寺庭園の石組（滋賀県高島市）

琵琶湖の西、安曇川沿い、朽木の田園地帯を見渡せる広々とした興聖寺境内の一画に格調の高い石組があり、清澄な流れがある。

石組は動的でありながら端正である。屈曲に富む流れと池の畔の石組はよく保存され、構成に破綻が無い。銀閣寺の庭の池の石組の構成に通じるものがある（⇒5）。

ずんぐりむっくりして、ごつごつ角張った石が多く、なかには平坦面を持つ石もある。苔むしているが、チャートの特徴を表わす石が多い。石橋もチャートを使った。湖西の山地は中古生層の地質である。

お寺の建物と石組の配置に脈絡がなく、古い建物が失われて庭の石組が残ったものと見て取れる。

戦国時代、力の衰えた室町幕府 12 代将軍・足利義晴が朽木氏を頼り、1528（享禄元）年から 3 年滞在した館に造られた武家の書院の庭である。ここはいかにも京の都から遠いが、将軍職は格調高い庭を造らせ、美しい石組は壊されずに残った。

江戸時代に秀隣寺が、その後現在の曹洞宗・興聖寺がこの地に建立された。古木の椿の花の美しい寺としても知られる。

図 8　旧秀隣寺庭園の石組（1992）

南宗寺　枯山水の石組（大阪府堺市）

堺市の南宗寺の方丈に滝と流れと橋を具象的に表した枯山水があり、青石（緑色片岩）を主とした石組である。堺は京都よりも青石を入手しやすい地理的位置にあり、紀州か四国が最寄りの青石の産地である。

向かって奥のやや高い場所にある滝石組から、ゆったりと手前に向かって下がりつつ、右に曲線を描く枯れ流れを石で表し、奥行きがある。石橋は長さに対して高さが大きく、それが渓谷の深さを想わせる。滝と橋のあたりの石組には安土桃山時代の庭の特徴をよく残している。

石橋の橋桁は青石 2 枚、それを中央で支える橋脚は白い花崗岩の切石で、ふしぎな色彩対比である。通常橋脚は橋桁の石の色彩と同等以下の暗さの石を使うが、この石橋の橋脚は橋桁よりも色が明るく、よく目立つ。

石橋の下流、ゆったりと手前に向かって下がりつつ、四〜五段の堰に相当する石が不揃いに配されて鮮やかである。枯れ流れに向かって左の岸に相当する位置に低めに水平線を活かして、岸の線をほぼ平行にずらすかのよう石が組まれている。このあたりは後世の改修と見られている。

南宗寺は臨済宗大徳寺派の寺院であるが、1615（慶長 20）年の大阪夏の陣で堺の町と共に全焼、17 世紀半ばの仏殿（重文）等が現代に残る。

枯山水は 1960（昭和 35）年、森蘊博士が復元修理した。

図 9　南宗寺枯山水の石組（1979）

10 高台寺　傘亭の沓脱石（京都府京都市）

高台寺は豊臣秀吉の正室・北政所（きたのまんどころ）（ねね）の寺で、臨済宗の寺院である。

高台寺の境内奥の小高い場所に時雨亭（しぐれ）と傘亭（かさ）（共に重文）という土間廊下で結ばれた茅葺の田舎家風の茶屋があり、樹皮のある丸太や使い古しの丸太を使い、粗野で素朴にも見える。しかし時雨亭は細長い二階建て、傘亭は方形の屋根裏に竹の垂木が和傘の骨のように見えるなど意匠をこらしている。時雨亭と傘亭は桃山時代の伏見城から移築したと伝える。そうだとすると天下人の茶室である。

時雨亭に向かって、傘亭の入口が深い軒内にあり、その土間のコーナーに履物を脱ぐための沓脱石がある。沓脱石はチャートの野面石（のづらいし）で、天端は平坦だが、ざっくりえぐれて割れた肌を見せて据えられている。コーナーの形に合わせているとも見えるが、それだけではあるまい。傘亭に上がるときに見て使う石の形に驚くほどの激しさがある。割れた形のチャートの転石は京都盆地周辺の中古生層の渓谷で時に見かけるが、それを選んでいる。桃山時代の茶道具には茶碗、水指、竹の花入などに荒々しく激しい気迫のこもった造形があり、この沓脱石はそれらに通底する気迫を感じさせる。

図 10　傘亭の沓脱石（1992）

豊臣家滅亡後も北政所の養家・浅野氏と生家・木下氏は江戸幕府の体制下で大名家として存続し、高台寺塔頭の圓徳院は木下氏の菩提寺である。

南禅寺方丈庭園
「虎の子渡し」の石組（京都府京都市）

南禅寺の大方丈（国宝）は、1611（慶長 16）年に下賜された京都御所の建物で、気品にあふれている。その南側、築地塀に囲まれて小堀遠州作庭と伝え、「虎の子渡し」と呼ばれる枯山水がある。

6 個しかない庭石のうち 5 個は明るい黄色のチャートで、粗面の野面石である。石組は向かって左から右に大・中の庭石をどかっと置いた印象、奇をてらったところは無く、落ち着きと品格がある。ずんぐりむっくりの庭石の長手の面を正面に向けているが、立てるというより伏せており、そのために重厚な安定感がある。大きさの違いはあるものの、見えがかりのなだらかな、形の似た庭石を繰り返しながら小さめに移行し、6 個しかない石を十分に美しく見せている。向かって左から右に、庭石を徐々に築地塀側に後退させ、それによって右の余白を引き立たせている。

庭石と植栽の刈込物とのバランスもよい。地面には白砂すなわち白川砂（花崗岩）を敷いているが、その余白がまた美しい。

築地塀の向こうに寺の大屋根があり、庭の背景に空や樹林ではなく現実の世界があからさまに見える。それで築地塀の内側の庭園景が映えるのは、存在感のある大きな石とシンプルな構成のゆえであろう。

南禅寺は京都五山の上に位置づけられる臨済宗南禅寺派の大本山である。

図 11　南禅寺方丈枯山水　画面の右外にもう 1 石がある（2002）

12 久能山東照宮の石段（静岡県静岡市）

久能山の名を著者が知ったのは子供のころ、石垣イチゴからであった。東照宮が祀られている山と知ったのは大人になってから。

南側のふもとの表参道の鳥居から東照宮本殿（国宝）まで、東照宮の公称で1,159段の石段をとにかく登る。急傾斜地であるから小刻みに幾重にも石垣を築き上げ、そこに石段をジグザグに造ってあり、歩く勾配を緩やかにする工夫をしている。幅広の石段は横断勾配（テーパ）も取ってある。振り返れば駿河湾が眼下に広がり、イチゴ栽培のハウスが並んでまぶしい。神社の参道は一直線の急傾斜の石段がほとんどで、これほどの格式の神社でジグザグの石段はめずらしい。手作り感いっぱいの石段で、歩き易い印象がある。あまり大きな石材は使っていないので仰々しくなく、親しみを感じさせる。蹴上のところは細長い直方体の素朴な加工の切石だが、踏面は小さな玉石を敷き詰めて、工芸的な美しさがある。かつてイチゴ栽培のための石垣の石は海岸や川原の石を拾い集めたという。しからば、東照宮の石段の玉石も出所はいっしょか。

徳川家康は晩年を駿府（現・静岡市）で過ごし、自ら久能山に埋葬を希望、1617（元和2）年に没した。家康を祀る東照宮は日光など各地にあるが、久能山は東照宮の第一号で、江戸時代は神仏習合であった。

図12　久能山東照宮の石段（1985）

名古屋城二の丸庭園　北庭の石組（愛知県名古屋市）

13

名古屋城は尾張徳川家の居城であった。その二の丸庭園は元和年間（17世紀初期）の二の丸御殿新築時に築造され、享保年間（18 世紀初期）以降たびたび改修された。現在、北庭と南庭に区分され、場所によって石の使い方がずいぶん異なる。北庭は当初の姿を比較的よく残しているという。

北庭には池と築山がある。北庭の池は、現在水が無い枯れ池であるが、渓谷の景を縮めて表現した庭である。青石（緑色片岩）が多用されており、青石の色が美しく、それだけで豪華である。渓は深く表現され、真水の景のはずが、海蝕のある石も目につくのは、水のイメージの強調をねらったか（⇒ 25）。池が広くはなく、池畔から庭石を鑑賞するのによい距離である。

著者はかつて産地の青石と庭に使われた青石を色彩計で測色し、比較した。産地つまり海岸や河畔の青石に比べて、庭に据えられてからの青石は色彩が暗く（明度が低く）、見る者に石の色に深みを感じさせるであろう。

図 13　名古屋城二の丸庭園・北庭　池の石組（2016）

北庭にはいくつも築山がある。「笹巻山」と「二子山」の石組は面白い。なんと自由な造形であろう。しかも庭石は、池とがらりと趣が変わって、石質も石の形・色彩・テクスチャーもまちまちである。

笹巻山 (⇒表紙) は盛土の安息角を気にもせず、盛り上がるような築山に、庭石を過密に見えるほど組み上げている。

動的で力強く、さまざまな形・色彩・テクスチャーの石の特徴が際立つ石組になっている。海蝕の目立つ石も多い。曲線を描いて石の列が、下から上へ渦を巻くように、築山の頂に向かって組み上げられている。著者は笹巻山に恐竜を連想した。

二子山は鶴島・亀島の構成が見られるが、その様式を越え、石の組み方が自由奔放、豪快である。

殿様の庭というより、戦国武将の猛々しさを表すような築山である。

図 13-2　名古屋城二の丸庭園・北庭の笹巻山 (2016)

名古屋城二の丸庭園　南庭の石組（愛知県名古屋市）

14

小高い築山の上に青石（緑色片岩）を組んだ枯山水である。園路から近く、築山の盛土自体はなだらかだが、石は築山の土をほぼ隠して立ち、不等辺三角形の構図に石がそそり立つように見える。急傾斜の滝石組はほぼ三段の滝を表している。滝沿いにオーバーハングの石もいくつか組まれている。

青石の美しさが際立ち、抗しがたい魅力がある。青石の色が鮮やかで、色調がよくそろっており、テクスチャーも活かされている。

緑色片岩には層理があり、石の表面に層理の線があるが、この石組は青石のほとんどを立てて使い、層理の線は縦方向にしているのが目立つが、向かって左下の横に伏せたように組まれた石には、横方向の層理の線が見えて、対比効果が鮮やかである。海蝕のある青石が多い。

名古屋に最寄りの青石の産地といえば伊勢方面になるであろう。

著者はかつて緑色片岩の産地を何か所も調査に歩いたが、各産地の露頭や転石を見ると、色彩計で測っても色相・明度・彩度にばらつきがある。名古屋城二の丸庭園のように青石の色調が揃っているのは、石の産地の良し悪しというよりも、石材の色彩による選別、つまり品質管理が丁寧なことによると考えている。

図 14　名古屋城二の丸庭園　南庭の石組（2016）

15 曼殊院門跡　梟の手水鉢（京都府京都市）

曼殊院門跡は天台宗の古刹であるが1656（明暦2）年に一条寺の現在地に移った。門跡とは皇室の一門の貴人が代々の住職であったことを示す。良尚親王により完成した大書院と小書院（共に重文）の南側に広く優美な枯山水があり、小書院の縁先に「梟の手水鉢」がある。手水鉢は花崗岩製、全体はお椀形で、側面の四方に梟（ふくろう）が装飾的に浮き彫りにされている。フクロウは、鳴き声で知られる夜鳥であるが、繁殖期には昼間も活動し、森のそばに築造された曼殊院には身近な鳥であろう。手水鉢は台座の石の上に据えられた優美な姿で、若干の風化が見られ、それがまた風合いを魅力的にしている。清水を満たして鑑賞に堪え、かつ実用の施設である。手水鉢のそばにはなだらかな形の青石（緑色片岩）を配している。

著者には曼殊院は宮家の御所という印象で、雅と品のよい色艶を感じる。

書院と庭の接する位置にある縁先手水鉢はどのように使うのか、著者は歌舞伎の舞台でしか見ていない。「仮名手本忠臣蔵」の「祇園一力茶屋の場」。祇園で遊興する大星由良之助が、亡き主君の奥方から届いた密書を、そっと茶屋の縁側で読む場面、四角柱状の縁先手水鉢がある。由良之助は手水鉢から柄杓で水をすくって手を洗い、長文の密書を出して読むが、この間立ったままである。手を洗って読むのは貴人からの手紙ゆえであろう。

図15　梟の手水鉢（2001）

詩仙堂　僧都の小石の形（京都府京都市）

16

水の流れ落ちる音の間に、間欠的に水がこぼれる音、次いで竹が石を打つ音が静かな庭に響く。京都の詩仙堂の僧都、別名「ししおどし」であるが、それを模したものは各地の庭にある。詩仙堂は瓜生山の麓にあり、庭園内に自然の水の流れがある。僧都は周囲の自然が豊かで静かな庭に、野生動物を追い払う実用を兼ねたという。

竹を短く切り、片方は斜めに切って水の受け口にし、片方は節止めにしている。筧から流れ落ちる水の受け口が上を向き、それが空の時は節止めの方が重く小石に接するよう、回転軸を水平に竹に通している。

丸い小石は節止めの竹に打たれる部分がその形にえぐれている。小石は長年交換していないのであろう。竹が小石を打つとき、小石が節止めの竹の形にえぐれているといないとでは、微妙に音が違うであろう。詩仙堂の僧都の丸い小石の形から見て、京都盆地周辺の石ではない気がする。

石川丈山は、徳川家康に仕えて大阪夏の陣を戦い、浅野家にも仕え、後に詩仙堂に隠棲した。丈山は漢詩人であり、「富士山」は現在も詩吟の愛好者に頻繁に吟じられる。詩仙堂は中国歴代の三十六詩仙の詩と肖像画を掲げ、丈山はまた煎茶道の祖とされる。

図 16　詩仙堂　僧都の小石（1992）

17 旧芝離宮恩賜庭園「根府川山」の石組（東京都港区）

なんという猛々しさ。まさしく武家の庭の築山である。崩れかけているのでは、と思わせるほど荒々しい石組である。安山岩のいくつもの野面石が割れたような肌であることも、石組の荒々しいイメージを増幅させる。鋭角を持つ石の向きは必ずしも一定ではなく、それは石組をいろいろな向きから鑑賞することを可能にしている。割れたような肌の長大な石を築山に登らせるかのように配して重厚である。

旧芝離宮恩賜庭園のこの築山は「根府川山」と呼ばれる。根府川は小田原市内の地名であり、根府川石（⇒37）という板状の石の産地でもあるが、この築山の石はそれではない。

17 世紀後半、老中大久保忠朝の上屋敷となり、忠朝は藩地の小田原から庭師を呼び寄せて作庭し「楽寿園」と称した。小田原・真鶴方面は安山岩の良材が採れる。この築山の石組は戦国の気分の名残のある時代ならではのものであろう。

所有者には変遷があり、芝離宮になったのは 1876（明治 9）年のこと。関東大震災後の 1924（大正 13）年に東京市に下賜され、復旧整備後公開。

参考までに、安山岩は墓石にも使われるが、ひび割れのあるような外観の石は庭石としては尊重されても、割れては困る墓石には使われない。

図 17　旧芝離宮恩賜庭園　根府川山の石組（1987）

智積院庭園　築山の石組（京都府京都市）　18

池に臨む築山に小ぶりな庭石が数多く組まれ、刈込物の植栽とのバランスがよい。築山に組まれた石は形姿が変化に富んでいるが、築山全体としては静かに落ち着いた構成であり、見どころが多い。

築山の上方に架けられた反りのある切石の橋をくぐった水が、石を伝って糸落ちの滝になりひとすじ流れ落ちている。そこには滑らかな石（花崗岩）が天然の細い線状のくぼみを活かして、オーバーハングに組まれているため、糸落ちの滝水の奥はほの暗くなり、滝の景を奥行きのあるものにしている。滝の右に割れた肌の三角柱状の大きな石が前傾して立てられ、滝壺の周りにも割れた肌と稜角のある石が配されて、切石の橋とのテクスチャーの対比もほどよく、山と滝の険しさが象徴的に表現されている。

築山に数多く使われた角張った石はチャートで、山裾の数少ない丸味を帯びた石は青石（緑色片岩）であり、後者の形とテクスチャーの違いをアクセントとして活かされている。

築山の左下の水面に近く、低く架けられた野面の小さな石橋と、築山上方の切石橋とによる、山の大きな高低差の表現は巧みである。小さな石橋の奥に水面を見せることで、庭景全体を奥行きと広がりのあるものにしている。智積院は真言宗智山派の総本山で、この庭は江戸時代初期の作庭。

図 18　智積院庭園　築山の石組（2001）

19 飛騨高山の宗和流庭園川上別邸の石組（岐阜県高山市）

高山市の川上別邸史跡公園は、江名子川畔に「宗和流庭園　川上別邸」として観光スポットだが、低い築山と石組、園路、そして枯れ池が残る。川上別邸は、金森家が飛騨高山藩を治めた時代に金森左京の屋敷があり、後の幕府の天領時代に町年寄川上氏の所有になり、武家の庭の遺構である。

築山を中心に組まれた石に大きな石は無い。庭石をことさら立てず、幅広い部分を下にして据えている石が多いので、安定感があり、印象は穏やかで格調が高い。庭石は、明るい色で丸みを帯びたチャートが多い。狭い石橋のある枯れ池はごろた石を敷き詰め、その中に小ぶりな庭石を配して、きめ細かい。元来は水を張っていた池であろう。築山を巡って狭い延段もある。宗和流庭園と言われているが、金森宗和は藩祖・金森長近の孫、2代藩主可重の長男だが、嫡廃され茶人として生きた。

長近も茶人で、京都の大徳寺山内に金龍院（明治時代に龍源院（⇒ 7）に合併）を開創した。長近は 1586（天正 14）年飛騨に入国、高山の城下町の都市計画は京都にならった。京都は、京都盆地周辺の中古生層のチャートを庭石にしたが（⇒ 11，18）、川上別邸のチャートも京都にならったか。高山市東部に中古生層のチャートの存在が知られ、そこから運ばれてきた石であろうか。著者は高山市内の他所の庭石にチャートは見ていない。

図 19　川上別邸史跡公園の石組（2012）

小石川後楽園の徳大寺石（東京都文京区）

大泉水の中島「蓬莱島」に、群を抜く大きな板状の黒い石（粘板岩）が立てられている。この石は徳大寺石と呼ばれている。大泉水の南側から見ればまさに庭の中心と言える石であるが、そこに黒い石を使ったのである。便宜的に黒と書いたが、正確には暗い灰色。

徳大寺石の暗い色、蓬莱島の石組の色の明るさ。加工石のようにも見える平坦で大きな徳大寺石、すぐ隣に海蝕のある野面石の石組。明暗とテクスチャーの対比が鮮やかである。徳大寺とは庭師の名と伝わる。

中島は実は北側の大きな島と南側の小さな島「亀島」からなり、二つの島に板石の橋が架けられている。その石橋は大泉水の東側にまわるとよく見える。ところが、その方向からの徳大寺石は板石の壁にしか見えず、これほどの名園にして、石の使い方がその点では弱い。徳大寺石は江戸時代から、地震で何回か倒れており、中島にはかつて滝があったという。石を修復して組み直すうち、現状に至ったものであろう。

徳大寺石を伊豆石の板石と書いた本もあるが、粘板岩でこれほどの大材は著者には宮城県石巻市産の井内石としか考えられない。小石川後楽園にはさまざまな産地の石が使われており、徳大寺石は往時の仙台藩から運ばれてきたのではあるまいか。

図 20　小石川後楽園　中央の黒い石が徳大寺石（2016）

21 小石川後楽園　延段の那智黒（東京都文京区）

小石川後楽園の延段には那智黒（粘板岩）が使われている箇所がある。ごろたというべき大粒で光沢のある那智黒の美しさがよく活かされている。延段に那智黒を使った例はあまり見ない。那智黒は日本庭園の敷き砂利として知られ、江戸時代には各地に出荷されていたが、粒径に大小がある。

那智は和歌山県の地名ながら、那智黒は三重県の七里御浜の砂利浜で採取される。粘板岩の礫だけまとまっているわけではなく、さまざまの石質の中から一粒ずつ選んで拾い集められる。浜辺の那智黒はとても光沢があるが、現在では粒径選別のため大型機械のふるいにかける過程で、光沢がやや損なわれる傾向がある。那智黒の名で流通している外国産の砂利よりはるかに品質が良い。那智黒の原石は熊野川上流にあり、地元で採掘されて硯石などに加工される。那智黒の礫は七里御浜の南、熊野川が注ぐ新宮市側で大粒、北の熊野市街側で小粒になる。

図 21-2　七里御浜の礫　黒く光沢のある那智黒（1982）

図 21　小石川後楽園・延段　大粒で黒い那智黒（2016）

小石川後楽園　延段の安山岩の切石（東京都文京区）

22

延段に安山岩の大きな短冊形の切石を使い、しかも表面加工が粗いノミ切り仕上げとなると、ずしりと重い存在感がある。京都の庭ではまず見ない素材と技法である。水戸徳川家の広大で起伏に富む小石川後楽園ならではの、重厚で雄大な延段というべきか。この延段は大泉水からやや離れた平坦地に設けられている。

延段と飛石とのバランスもよい。飛石に根府川石（安山岩）の曲線を活かして配石を曲げているところなど心憎い。緑色片岩や花崗岩の色石も混ぜて飛石にしている。延段と飛石は元来路地（茶庭）の構成要素である。それがこの庭では回遊園路の構成要素とされている。

伊豆方面の安山岩は江戸の町を築いた石材であった。江戸城（現・皇居）のお濠の石垣の石材も安山岩がほとんどである（⇒ 57）。安山岩の大材が江戸に運ばれていたからこそ、このような切石も庭に導入されたと言えよう。

図 22　小石川後楽園・延段　安山岩の切石（2016）

23 小石川後楽園　船繋場の石積みと石段（東京都文京区）

小石川後楽園の大泉水のほとんどの水際は、目立たないが実用的な切石（安山岩）の低い布積みの護岸で処理されている。庭園の創設期には水辺にもっと石組があったらしいが、江戸時代後期に現在のような護岸に変わったという。

その切石の低い石積みで、小船一艘分の細長くやや湾曲した入り江を造っている。そこに降りる切石（安山岩）の石段が水辺と園路をつなぐ。お殿様が大泉水で船遊びをするための船の船繋場である。石段の石材はノミ切り仕上げである。細長い水面、低い石積み、石段、石積みと園路の間の緑の法面、バランスがとてもよく、入り江の櫛形の曲線が心憎い。船繋場という実用の施設を工芸的に美しく見せている。

思えば、江戸時代の木造和船の船繋場そのものが残っている場所が、日本にどれだけあるだろう。貴重な遺構である。

図 23　小石川後楽園　船繋場（2016）

小石川後楽園 「白糸の滝」の石組（東京都文京区）

24

小石川後楽園の「白糸の滝」は、たしかに本物の白糸の滝（静岡県富士宮市）のワイドな景のイメージに近いと思う。本物の白糸の滝には源頼朝も訪れている。本物の白糸の滝は上流の川の水と崖の湧水からなり、滝壷を取り囲むような壮大な岩壁に幕のように、無数の糸を掛けたように水が流下している。その岩壁は玄武岩である。

小石川後楽園の「白糸の滝」の石組は、滝の両側に真横方向に、柱状に尖った青石（緑色片岩）を立て並べて岩壁の険しさを表現している。と言っても、滝のすぐ左の石が突出して高く、すぐ右の石の高さがそれに次ぎ、その他の石は左側でほぼ背がそろい、右側でより低く背がそろい、という造り方である。滝の水は幅広の切石積みの壁を覆って幕のように落ちつつ、水平に近い石積みの天端に微妙な凹凸があることにより一部は糸状に落ち、左右の立石の壁とあいまって、本物の白糸の滝のようなワイドな景を表現。滝からの流れに大きめの石を前後に配して前景とし、滝の景に奥行きを与え、見栄えのする滝に構成している。

もし本物の白糸の滝のように庭に玄武岩を使っても、黒くざらざらした石は美しくは無く、岩壁のように積むのは困難である。小石川後楽園の「白糸の滝」は、水戸徳川家 6 代・治保の時代に造られたとされる。

図 24　小石川後楽園　白糸の滝（1987）

25 小石川後楽園　流れと海蝕のある石（文京区・下田市）

小石川後楽園の南西部、「駐歩泉」の水は園内の「龍田川」に流れるが、途中で枝分かれして「大泉水」に注ぐ。庭の池は基本的に海を縮めて表現するので、流れが大泉水に注ぐ辺りは、いわば河口を表現することになる。その河口にいくつも野面石が配され、それらの石の表面に海蝕が見える。池畔に海石を用いる、というのは江戸・東京の庭園でもよく見られる技法である。しかし小石川後楽園の池の護岸は基本的に切石の布積みの石積みであり、要所に野面石を配している。それらの庭石一つ一つを見れば特によい形の石というわけではない。

小石川後楽園の流れが大泉水に注ぐ河口は淡水を表現するはずである。そこに海蝕のある野面石を使うのは、波に激しく洗われた石の表面によって、流れる水のイメージの強調を期待してのことであろう（⇒76）。

小石川後楽園は海の石が好きである。築山にまで海の石を組んでいる箇所があり、海蝕のある石の形を活かした造形になっている。

図25　小石川後楽園　流れと海蝕のある石（2016）

石に海蝕と言ってもなじみが薄いかも知れない。外洋に面して岩場のある海岸では、海蝕のある石を見ることができる。伊豆半島の南端、静岡県下田市の「大浦　和歌浦　遊歩道」沿いには、凝灰岩の海蝕台・海蝕崖があり岩の表面に特徴が表れ、転石にも海蝕が見られ小さな穴が開いている。

図 25-2　大浦・和歌浦遊歩道の海蝕崖（2016）

図 25-3　大浦・和歌浦遊歩道沿いの海蝕台（2016）

図 25-4　大浦・和歌浦遊歩道沿いの転石（2016）

26 旧閑谷学校の石塀（岡山県備前市）

旧閑谷（しずたに）学校は備前藩祖・池田光政が1670（寛文10）年に創設した、庶民のための論語つまり儒教の公立学校であった。講堂（国宝）を始め孔子を祀る聖廟、光政を祀る閑谷神社など古建築が残り、赤褐色の備前焼瓦で統一された屋根が美しい。光政が『山水静閑、読書講学に宜しき地』と称賛した静かな谷にあり、学校のたたずまいは別世界のようである。

学校の石塀（いしへい）（重文）は校地を囲み、高さ2.1m、幅1.8m、総延長765mに及び、断面が蒲鉾型、なだらかだが重厚で、単独でも鑑賞に堪える見事さである。この石塀があるために学校とはいえ宗教的空間を想わせる。

石塀は1961（昭和36）年に修理され、その報告書がある。基礎は捨石を置き、積み石は瀬山石という水成岩の切石を合端（あいば）よく合わせつつ両面より積み上げ、裏込めには同質の割栗石を詰め、上端の石は蒲鉾型に合端よくはめ込んでいる。

池田光政は儒教でも陽明学に傾倒し、陽明学者・熊沢蕃山を招聘した。いっぽう徳川幕府の官学は朱子学であった。

旧閑谷学校建設の実務を担ったのは光政の重臣・津田永忠で、学校の完成は30年後の1701（元禄14）年、2代綱政の時代である。この石塀を造らせた情熱の源は何だったのだろう。津田は備前藩の港、川、用水、干拓の事業を手掛け岡山後楽園（⇒27）も作庭した。

旧閑谷学校は聖廟前の一対の楷（かい）の木（トネリバハゼノキ）の紅葉・黄葉でも知られる。楷の木は、1915（大正4）年に日本の研究者が中国の孔子廟から種子を持ち帰り、日本の林業試験場で育苗、儒教関係のところに配ったものを育て、近代に付け加えられた植栽である。明治政府は、儒教にもとづいて天皇を長とする家族国家を規定、植民地も帝国のヒエラルキーのしかるべき地位に位置づけていた。

図 26　旧閑谷学校の石塀（1988）

図 26-2　旧閑谷学校の石塀（1988）

27 岡山後楽園　流れと池の護岸（岡山県岡山市）

岡山後楽園は岡山藩主・池田家の大名庭園、緑豊かで広くなだらかな大庭園である。1700（元禄 13）年ころの築造で日本三名園の一つ。

園内の「唯心山」から庭を見わたせば、直下の流れと向こうの「沢の池」の水面に高低差があるのがよくわかる。流れは沢の池に向かわず、むしろ池畔と平行に流れるかのように見える。むろん迂回して流れ、沢の池に注ぐのである。流れに二三の石を配している。

沢の池は水際にゆったりした勾配の芝生が迫り、水との境には小さな石を使い、自然な雰囲気を出している。水位が高く水量豊富な流れの方は、小ぶりの切石の実用的な護岸である。狭いところに水を常に流すには護岸をより強固に造らなければならない。

園路の敷砂は花崗岩の砂であり、晴れた日には陽光を反射しているが、足元の砂粒はごま塩状の表面に淡いサーモンピンクの色調が見られる。

1871（明治 4）年に池田家は「御後園」を「後楽園」に改め、1884（明治 17）年に岡山県に譲渡した。1884 年に池田章政は華族令により侯爵に叙せられている（華族は東京在住）。当初は公園でなく、県庁付属地として公開された。

図 27　岡山後楽園　流れと池の護岸（2001）

岡山後楽園　「唯心山」の滝石組（岡山県岡山市）

岡山後楽園の中心に近く沢の池に臨む築山「唯心山」は江戸中期、明和のころに築かれ、平面的だった庭園が立体的になった。芝と刈込の美しい築山である。

唯心山など園内の随所に野面石の花崗岩による美しい石組がある。切石として加工する石材は風化していない地下深くの岩石を採掘する（⇒ 66）が、庭園に使われる野面の石は地表あるいは地表近くで風化の進んだ岩石である。花崗岩の野面石は丸みを帯びていることが多い。

唯心山の枯れ滝の石組は植栽から高く突き出すかのように組まれており、そちらから見る唯心山を峩々たる印象の築山にしている。

丸みを帯びた石を使った岡山後楽園の石組はきりりとしたなかにも穏やかさがある。

花崗岩の石組は遠目には白っぽく見える。その石に近づけば、表面は黒雲母と石英でごま塩状、長石の淡いサーモンピンクの色調が見える。石の表面が陽光に乱反射して白っぽく見えるのである。

図 28　岡山後楽園　唯心山の滝石組（2001）

29 岡山後楽園 「花葉の滝」の石組（岡山県岡山市）

岡山後楽園の曲水と「沢の池」から水は「花葉の滝」へ。それは「花葉の池」に注ぐ滝である。滝石組はほぼ花崗岩の野面石で組まれている。滝は花崗岩によって白い印象である。滝の水そのものの落差は大きくはない。周囲の石組の高低差で滝を高く大きく見せているのである。

滝の上部に板状の石が配されている。野面の花崗岩の石組は石の形を活かして天端の水平線が利いている。立石を配して、縦横の線が利いた石組になっている。

中には奇岩ともいえる形のものがあり、陰陽石もある。陰陽石は俗に見えるが、子孫繁栄の願いを表すもので、現状維持が目標の封建社会の大名には家と藩の存続は一体のものであったから、陰陽石が庭園の構成要素になったのもいたしかたあるまい。

かつて岡山後楽園内の外周の植栽は全て竹林であったという。竹林は何年経っても背の高さが変わらず、庭園景を変化させない植栽であった。現在は岡山後楽園の周囲に高層ビルが立ち並び、園内から外のビルが見えないよう、クスノキなど高木植栽が増えた。竹林は人里の植栽であり、庭の滝に深山幽谷の景を表すものではないが、「花葉の滝」の背景の竹林は滝の清爽な印象を増している。

図 29　岡山後楽園　花葉の滝　花崗岩の多い石組（2001）

兼六園　夕顔亭の路地（石川県金沢市）　30

兼六園の「瓢池（ひさごいけ）」畔の「翠滝（みどりたき）」が正面に見える位置に、茅葺屋根、深い軒内の茶室・夕顔亭がある。黄色の土壁に弁柄塗りの木材が鮮やかで、内装の意匠に夕顔が使われている。小さな茶亭なのに小屋組が二つ、つまり茅葺屋根の頂点が二つ連なる凝った造りである。

深い軒内は北国の気候を反映したものか。軒を支える柱は面皮丸太で、断面を正方形に近く加工しつつ四隅には丸太の丸みを残し、人工と自然が共存する手間のかかる加工法である。柱の礎石には小さな野面石を据えている。軒内に手水鉢など路地の施設の一部を受容し、建物の内部と外部が連続する造形的な空間にしている。

緻密な細工の「伯牙断琴」の石の手水鉢は低い円柱形で軒内にあり、手水鉢の前石は台石を兼ねて厚い短冊形である。短冊形の長辺は軒の直線に対して斜めに振って配置している。軒内にある沓脱石は、幅に広狭のある野面石で、石の路地側の線を軒の直線に対し、斜めに振って据えている。

茶室の建物の地際には差し石と呼ばれる小石を一列にきれいに並べている。石灯籠の方から続く路地の飛石と延壇が苔に映えて美しい。

夕顔亭は1774（安永3）年の築造で、かつて兼六園の正門･蓮池門（現「蓮池門旧址」）は近くにあった。

図30　兼六園　夕顔亭と路地（2005）

31 兼六園　脚が水底に立つ石灯籠（石川県金沢市）

犀川から取水した辰巳用水は兼六園に導かれ、園内の沈砂池を経て曲水に流れ、池に注いでいる。その水はさらに石管のサイフォンで金沢城まで導かれている。

兼六園の水辺の石灯籠は脚が曲水の流れや池の浅い底に立ち、他所にはあまり例を見ない技法である。各地の庭で水辺の雪見灯籠は、ほとんどが広く平坦な石や州浜に脚を載せている。兼六園の曲水の流れの底は浅いが、池にはコイが泳ぎ、池底には深浅がある。兼六園では曲水はもとより、池も流れて動きを見せる水面が多い。動きを見せる水に石灯籠が立っている。亀甲型の赤戸室石を連ねた雁行橋の近くの曲水に立つ白い雪見灯籠は、景としても美しい。

石灯籠は元来照明用で火袋には障子をはめていた。夜、明かりのついた石灯籠が水に映る景色を想像すれば、脚が水底に立つ方がより美しいかと思う。

兼六園のシンボル琴柱灯籠の両脚は、片方は水底、片方は池畔の石の上にあるが、古絵図を見ると両脚とも水底に立っていた。片方の脚が破損して現状のようになったらしい。

図31　兼六園　雁行橋と曲水に立つ雪見灯籠（2013）

兼六園 「七福神山」の赤戸室（石川県金沢市） 32

兼六園の築山「七福神山」には、この庭園に少ない石組らしい石組があり、石の三重塔が設けられている。庭石も三重塔も赤い。石は金沢市街の南東、戸室山で採れる戸室石（安山岩）の赤、赤戸室である。庭石は襞があるかのようなテクスチャーである。

七福神山は赤い石にこだわったのか。どうもそうではなさそうである。

金沢城の石垣も赤戸室の石材が多いのだが、風化して表面色がくすんでいる。石川門など、建物の屋根の下になった部分の石垣は風化を免れ、石の表面色は赤いものが多いことが明瞭にわかる。

金沢の古い墓地、野田山にも赤戸室の墓石があり、鮮やかな赤である。

金沢市内の庭園、神社などあちこちに赤戸室の石灯籠が見られる。

要するに、金沢の良質の石は赤戸室であり、良い石材は赤い、ということであった。

青戸室もあるのだが、こちらは貴重で利用例は多くない。

著者のような旅行者には、兼六園の七福神山は石を赤く統一した不思議な築山に見えてしまう。七福神山はことに色鮮やかな赤戸室が選ばれたと見られる。

図 32　兼六園の七福神山（2000）

33 養翠園　池畔の石組と石積み（和歌山県和歌山市）

和歌山市は紀州徳川家の城下町である。紀州は青石（緑色片岩）の産地で、海の青石は庭石として尊重され各地に出荷された。日本列島を縦断する三波川変成帯が、伊勢市から和歌山市にかけて紀伊半島を東西に走り、そこに青石が産する。和歌山市内、雑賀崎（⇒表見返し）は青石の産地として江戸時代の文献に名が見える。

養翠園は大浦湾に面し、紀州徳川家 10 代治宝が 1818（文政元）年に設けた水軒御用地にあった。治宝は節倹を督励し商工を起こし、特に学問を奨励、また西浜御殿に窯を築き紀州御庭焼と呼ばれる陶磁を作らせた。

養翠園の池畔の石組には比較的小ぶりの青石しか使われていない。それがつつましくて好ましい。庭石は散在させたかのように、いわば余白の美しさがあり、ごてごてしたところがない。池中に船団を表す夜泊石があるが、青石である。

池畔の青石の割石積みの護岸も稚拙にさえ見えるが、手作り感がある。船着きは青石の割石積みで三方を低く支えて土の斜面を池畔に伸ばしただけだが、そのたたずまいがよろしい。中国趣味の西湖堤があり、近現代の技術による後補もあちこち見られるが、創建時のたたずまいをよく保ち、三段の橋も小ぶりである。石による造作を控えめにして、背景の焼山章魚頭姿山を際立たせているのかも知れない。

養翠園の池は海水を引き込む潮入りの池なのだが、管理者から、潮位の高い時に海水を引き込み水門は閉めておく、夏は魚（海の魚）が暑いから水位を高くすると聞き可笑しかった。

養翠園は大名庭園らしく黒松の手入れがよく美しい。黒松主体の植栽は、金沢市の兼六園、高松市の栗林公園などの旧大名庭園に維持されている。

養翠園の築造当時、日本沿岸に異国船が度々来航し紀州藩も海岸に見張所を設けていた。和歌山市にはリアス式海岸があり、「番所の鼻」と呼ばれる突き出た岩場に見張所跡がある。そこを養翠園の管理者が「番所庭園」として公開しており、庭園らしい造りは無いが眺望がよく、養翠園の時代背景や青石の産状を知ることができる。

和歌山の番所の鼻や雑賀崎などの海岸は 1934（昭和 9）年に制定された日本初の国立公園の一つ、瀬戸内海国立公園の一部である。神話では初代天皇・神武天皇は東征に瀬戸内海を航海し、和歌山の『男の水門』に至ったのだが、太平洋戦争敗戦まで神武東征は史実とされていた。

図33　養翠園　青石による池畔の石組と夜泊石（1988）

図33-2　養翠園　青石の割石積み護岸による船着き（1988）

34 法然院の石畳と砂壇（京都府京都市）

法然院の茅葺の山門をくぐるとすぐ、石段の下の参道の両側、平行に、直方体に近い形に盛り上げた砂壇が見える。山門から見下ろすような位置に造られた砂壇である。

細粒の白川砂（花崗岩）の上に具象的な模様を描いている。著者がこの寺を訪れるたびに異なる模様であった。楓の樹影濃い参道で、白砂がまぶしくはない。奥に湧き水と池のある庭で、砂壇がひときわ異彩を放つ。

砂壇の写真を見せたら「菓子の落雁のような。」と言った人がいた。著者はこのような砂の造形は、庭のていねいな維持管理を前提として、自由な遊び心の表れと思っている。

1780（安永9）年の「都名所図会」の法然院には池も砂壇も無い。

法然院は浄土宗の寺院である。東山のふもと、銀閣寺に近く、北白川花崗岩の風化した白砂が入手しやすい環境であった。石畳は近くの鹿ケ谷に産する鹿ケ谷真黒（まぐろ）と呼ばれるホルンフェルスの割石である。

白亜紀に比叡山の北白川花崗岩が貫入し、熱変成作用によりホルンフェルスができた。鹿ケ谷の波切不動付近はホルンフェルスばかりの小さな渓谷である。現代の白砂つまり白川砂は滋賀県大津市山中町の比叡山麓の宅造地などで採取、粒径別にふるい分けて生産されたが、採取は終了した。

図34　鹿ケ谷のホルンフェルス（1982）〈flash〉

図 34-2　法然院の石畳と砂壇（1988）

図 34-3　滋賀県大津市山中町の白川砂採取地（1994）

35 伊賀多氣神社境内　石の施設（島根県奥出雲町）

奥出雲町は斐伊川上流、須佐之男命の八俣大蛇退治で知られる出雲神話ゆかりの地で、JR 木次線出雲横田駅のある山間の盆地、横田には伊賀多氣神社が鎮座し、その小型の社殿は出雲大社の様式の大社造で檜皮葺である。

古い方の石の明神鳥居（花崗岩）の柱に『文化二年』（1805 年）と刻まれている。石鳥居の最上段の水平部材の笠木・島木は、中央で二つの部材を継いでいる。下段の水平部材・貫は一部材であり、貫の中央・上の額束が笠木・島木を支える。1805 年の石鳥居は横田の豊かさを示している。

この神社の社号は江戸時代まで五十猛神社であった。五十猛は須佐之男命の子で林業の神とされる。明治政府は 1872（明治 5）年にグレゴリオ暦（キリスト紀元）を採用したが公的には元号を用い、つまり西欧の時間支配に従属せず、神仏分離ののち神道を国の宗教とし、祭政一致であった。神社を精神的な絆として国の管理下に置いたのは、国民国家形成のため、つまり近代化のための一つの手段である。明治政府は古代の延喜式に記載の式内社を尊重して各地の神社に式内社を比定（例えばＢ神社が実は延喜式のＡ神社と定める）、五十猛神社は式内社・伊賀多氣神社とされた。

石段（花崗岩）は各段に長い石材と短い石材を組み合わせ、表面はノミ切り仕上げで、標石に『明治十年』（1877 年）と刻まれている。式内社とされて急ぎ整備されたとみられる。石段両側の切石の谷積みの石積み（花崗岩）も同時代か。ほぼ間地石積みの形であるが、両側コーナーの石が鉛直方向・水平方向ともにやや突き出る形に加工されて、木次線沿線の奥出雲の農家の石積みにも共通する工芸的な技法である。

御手洗があり、手水鉢（花崗岩）は茶褐色の野面石を横長に使い、水鉢を穿っている。その前石（花崗岩）は手前に矢跡が鮮やかである。

式内社を明示した社号標石は、野面の花崗岩の片面を磨き仕上げに文字を陰刻にし、『明治百年』ブームの翌年 1969（昭和 44）年に建立された。

このように花崗岩製の施設で、伊賀多氣神社の境内は構成されている。

島根県東部山間部、奥出雲町の斐伊川流域は花崗岩類が広く分布し、それが深くマサ土化している。奥出雲は、マサ土を掘り崩して川に流し砂鉄を比重選別して行う鉄の生産（たたら製鉄）が、古代から近代まで盛んであった。とはいえ近代化が進むまで、日本の社会で鉄の使用量は多くない。1894～1895（明治 27～28）年の日清戦争まで、日本の鉄の生産の約 7 割を奥出雲の個人企業が担ったが、1904～1905（明治 37～38）年の日露戦争には 1901（明治 34）年開業の官営八幡製鉄所の生産が増大し、奥出雲の鉄生産は減った。

図 35　伊賀多氣神社　明神鳥居・石段・石積み・社号標石（2016）

図 35-2　伊賀多氣神社　御手洗の手水鉢（2016）

36 湯島天神　男坂・女坂の石段（東京都文京区）

1834（天保 5）・1836（天保 7）年刊行の「江戸名所図会」に「湯島天満宮」の境内が描かれ、学問の神様らしからぬ歓楽街のようなにぎわいの中に、坂が二か所示されていた。現存する男坂・女坂である。

男坂は急勾配の石段で暗い色の安山岩の切石を積み上げ、踏面（ふみづら）の奥行きが 2：1：2：1：2：1 と長短をくり返す。石段の縁石は薄茶色の凝灰岩。安山岩と凝灰岩は伊豆方面から江戸に運ばれていた（⇒71）。『男坂修繕』『明治二十二年』（1889 年）と刻まれた石碑が坂の上にあり、石段の踏面は粗いノミ切り仕上げであったものが踏まれてすり減ったと見られる。

江戸時代まで神仏習合、神社には別当という寺院があり、神職より僧侶が格上、湯島天神は寛永寺の末寺が別当であった。寛永寺は徳川家の菩提寺で、江戸時代はいまの上野公園全体が境内地。最後の将軍・徳川慶喜が去っても旧幕臣の彰義隊が寛永寺に駐屯し、新政府軍が掃討、寛永寺は砲火で炎上した（上野戦争）。寛永寺ゆかりの上野東照宮や清水観音堂は残ったが、それらの石段は安山岩製で、湯島天神の男坂と造り方が似ている。

図 36　湯島天神　女坂　安山岩と花崗岩の舗石　凝灰岩の縁石（2016）

湯島天神の女坂は 5～8 段の石段と長い踊り場をくり返し、石段と縁石は薄茶色の凝灰岩である。踊り場の明るい色の花崗岩と暗い色の安山岩の舗石の対比は華やかで、花崗岩の形状に合わせ安山岩を変則的に切り、花崗岩を尊重している。女坂脇の石垣に文政 8（1825）年と彫られた凝灰岩の石材があるが、『女坂寄附』の標石には『明治二十三年』(1890年) と刻まれ、現在の女坂の年代がわかる。1889年水戸線が開業、茨城県真壁郡の稲田みかげ(花崗岩) を東京に供給、花崗岩の舗石は目新しかった。

湯島天神は正式には「湯島天満宮」、明治に「湯島神社」に改称し、平成に江戸時代の社号にもどった。明治政府は中央集権的に官幣社・国幣社・府県社・郷社・村社など神社の社格制度を設け、湯島神社は1872 (明治5) 年に郷社、1885 (明治18) 年に東京府社に昇格した。

明治政府は1873 (明治6) 年の太政官布達により府県に公園を制度化したが、寺社境内地などを公園地にした。1889年市制・町村制実施、東京市は東京市区改正条例による49公園の設計を告示、1890年に湯島天神境内を「湯島公園」の公園地とし、神社側に永続資金を与え、境内の飲食店・矢場・見世物を撤去、白梅などを植えた。男坂・女坂は氏子有志により整備された。1897 (明治30) 年の絵図には『湯島公園地鎮座府社湯島神社』とある。『東京府社湯島神社』と刻んだ四角柱の社号標石が現存するが、太平洋戦争後は政教分離で社格制度は無く、1949 (昭和24) 年に公園地は神社に返された。

図 36-2　湯島天神　男坂　安山岩の石段　凝灰岩の縁石 (2013)

37 道了尊参道・横浜山手外国人墓地 根府川石の碑（南足柄市・横浜市）

大雄山最乗寺（道了尊）は曹洞宗の寺院で、その守護である修験の行者・道了尊への信仰（天狗信仰）でも知られる。

最乗寺は神奈川県南足柄市の伊豆箱根鉄道大雄山線・大雄山駅からバス、下車してさらに登る。大杉の林立する参道に、鉄さび色の不整形に尖った大きな石碑が並ぶ。いずれも根府川石（ねぶかわいし）（安山岩）製で、『日本橋区　（氏名）金百圓　明治四十三年』（当時の百圓は大金）のように住所、氏名、金額、奉納年等が刻まれ、篤い信仰の証である。

根府川石は神奈川県小田原市内、相模湾を見晴らす山の石切り場で採れ、板状に割れやすい節理がある。鉄さび色が美しい大小さまざまの板石が採れ、江戸時代から庭の橋石、飛石そして碑石に重宝されてきた。

神奈川県横浜市の横浜山手外国人墓地は、横浜開港当時からこの地で亡くなった欧米人たちの墓地である。四十数か国、4,870 人が永眠している。横浜の居留地時代に欧米人の共同体が生まれたが、関東大震災で打撃を受け、第二次世界大戦もあり、欧米人の共同体はその後再建されなかった。外国人墓地はキリスト教会や洋館の立ち並ぶ山手にあって異国情緒が漂い、著名な観光地でもある。1985（昭和 60）年から定期公開されている。

外国人墓地は当然、西洋式の幾何学的デザインの石の墓碑が多いが、そ

図 37　道了尊　根府川石製の奉納碑（2012）

の中に不整形で大きく尖った根府川石製の墓碑も点在している。根府川石の墓碑は、碑文を刻む面は平坦に削られ、表面の鉄さび色は除かれて灰色（日本人ならしない加工）、碑文は横文字が陽刻にされている。しかし根府川石の墓碑の形は、およそ西洋的ではない。根府川石は、キリスト教会のある横浜で、墓石としてどのような経緯で欧米人に受容されたのであろう。

斎藤多喜夫著「横浜外国人墓地に眠る人々　開港から関東大震災まで」は被葬者から選んで生涯を記述し、根府川石（註：同書の写真から判別）の墓碑を 3 基掲載している。その被葬者たち、日本の鳥と蝶の研究者プライアー（英国）は 1888 年に 39 歳で急逝、女性宣教師シモンズ（米国）は、1898 年に横浜港内で船舶事故に遭い 33 歳で死亡、ピアノ・オルガンの販売者・製造者カイル（米国）は 1899 年に精神を病み自殺であった。

ちなみにラフカディオ・ハーン（のち小泉八雲）が 1890（明治 23）年に横浜に到着、松江に移り中学と師範の英語教師に就任し小泉節子と結婚、熊本に転任、1894（明治 27）年に出版した「知られぬ日本の面影」所収の「日本の庭にて」に『……大きくて形の不揃いな平ぺったい自然石……その上に文字こそ彫られているが、それ以上の加工はしていない……石は奉納碑、記念碑、墓石として据えられたもの……』と記述していた。

図 37-2　横浜山手外国人墓地　根府川石製の墓碑（中央 1 基と右奥 2 基）（2016）

38 小泉八雲旧居の庭　石灯籠・手水鉢（島根県松江市）

松江市北堀町にある旧松江藩士・根岸家の広い武家屋敷である。前年に松江に英語教師として赴任し、小泉節子と結婚したラフカディオ・ハーンが根岸家から借り、1891（明治 24）年 5 月に転居してきた。ハーン（のち小泉八雲）はこの屋敷の庭を「日本の庭にて」に詳細に書いた。

ハーンが暮らした住居の庭は、根岸家の先代により 1868（明治元）年に造られた。住居の北・西・南に面して庭があり、飛石が巡っている。屋外を歩み鑑賞する定型的な庭であり、奇をてらったところはない。

西の庭を見る。地表の敷砂と苔の対比が効果的である。松江は水辺の町、苔が美しい。来待石（きまちいし）（⇒ 99）の出雲石灯籠は、その代表ともいえる春日型で、竿が細く風化し、古物であろう。大小の野面の飛石とやや崩した構成の蹲踞（つくばい）がある。蹲踞の石の手水鉢は奥出雲の神社にある形（⇒ 35）にも似通い、背が低く横長、素朴なもの。（手水鉢手前の草や苔は本来無い。）茶の湯は松江で普通の習慣という。蹲踞の左手前に石橋の高欄の柱頭らしきものを据えている。古びた小ぶりの石造物は根岸家先代の好みらしい。

松江市は今も国宝松江城に水の満ちた濠が巡る水都であり、武家屋敷の町並みが残る。家庭に恵まれず欧米を漂泊したハーンは、40 歳にして幸福な新婚生活をこの住まいで過ごした。当時の松江にまだ鉄道は無い。

図 38　小泉八雲旧居　西の庭　石灯籠と手水鉢（2016）

飛騨高山の豊川城山稲荷神社 日清戦争の招魂碑（岐阜県高山市） 39

飛騨高山の城山に豊川城山稲荷神社（1878（明治 11）年建立）の小さな境内があり、石鳥居をくぐってすぐ左側に、尖った形で淡い茶褐色の「征清陸海軍士招魂碑」が立つ。『皇風永扇朝野無為』『飛騨忠勇軍士紀念』とも刻まれている。日清戦争（1894～1895（明治 27～28）年）の飛騨出身戦没者の招魂祭を行った石碑で、高さは台座とも 5.1 m あるが、建立年は彫り込まれていない。地元の松倉石（濃飛流紋岩）の野面石の一面を平坦に加工し碑文を彫っている。

北に飛騨高山の古い町並みを見晴らす城山は、戦国時代に金森氏よって城が築かれたが、江戸幕府直轄の天領となり、城は解体されていた。

明治政府は 1873（明治 6）年徴兵令公布、1882（明治 15）年軍人勅諭下賜、山深い飛騨の男子も清国との戦争に徴用された。日本の近代産業は明治の半ばには盛んになり、生産品を売る市場を広げるために清国と戦争になった。日清戦争の戦場は朝鮮半島・満州・黄海であったが、飛騨にはまだ鉄道も無い。戦没者は国家的には靖国神社で招魂祭が行われ、神として祀られた。「征清陸海軍士招魂碑」には飛騨の郷土意識が強くにじむ。

愛知県の豊川稲荷は、商売繁盛にご利益があることで名高い。飛騨高山

図 39　豊川城山稲荷神社境内　左端に招魂碑（2012）

で「征清陸海軍士招魂碑」が豊川城山稲荷に建てられた経緯は、「高山市史」にも不詳だが、町並みを見晴らす新しい神聖な場所に、と素朴で土俗的な発想だったのではないか。城山の麓に戦没者を祀る飛騨招魂社（現在の飛騨護国神社）の創建は、日露戦争後の1909（明治42）年であった。

近代の国家神道は軍国主義と結びつき、各地の神社境内を変容させた。戦勝国日本は国民国家に脱皮し、近代化を進め経済も発展してゆく。しかし日清戦争から半世紀、日本人は苛烈な対外戦争を繰り返し体験した。劇団文学座のロングラン公演「女の一生」は主人公の女性が、日清戦争のため幼くして天涯孤独の身になり、清国との貿易で一家をなした商家に拾われ、その商家に嫁いで家を守るが、太平洋戦争の空襲（1945（昭和20）年）により商家は焼け跡になる。

図39-2　日清戦争の招魂碑（2012）

三つの石橋の表面（千代田区・港区・高山市） 40

旧芝離宮恩賜庭園の石橋：旧芝離宮恩賜庭園（港区）は 17 世紀後半に江戸の海浜に築造されたが、池に中国趣味の西湖堤とその石橋がある。池はかつて海水を引き込んでいた。石橋は、橋面は見事な反りのある 3 枚の橋桁、橋桁の手前と奥に横方向に置かれた框（かまち）、そして両側の高欄（橋面に立ち上がる柵に相当する部分）で構成され、高欄には片側 5 本ずつの四角柱が立っている。橋桁は灰色の安山岩、高欄の四角柱は薄茶色の凝灰岩である。西湖堤を構成する石積みの石材は安山岩に凝灰岩が混じる。

西湖堤の石橋をよく見ると、橋桁（特に中央の橋桁）と框の手前の表面に小さな丸いくぼみがいくつも見える。橋のたもとの西湖堤の天端石（凝灰岩）の表面にも小さな丸いくぼみがいくつも見える。石橋が架設されてから風化してできたくぼみなら、もっと橋面に均等に分布するであろう。

著者はこの小さな丸いくぼみは、海岸の石切場で採取された石材の海蝕によるくぼみと考えている（⇒ 71）。伊豆方面の海蝕台や海食崖（⇒ 25）から切り出した安山岩や凝灰岩を、江戸で加工するとき海蝕のくぼみをあえて削らず、あるいは愛でて残したと考える。江戸城の石垣をはじめ、伊豆方面の石切場から船で運ばれた石材は多かった。海蝕台や海食崖から切り出した石には、江戸に着いた時、海蝕のくぼみが残る石もあったであろう。

高山陣屋の石橋：飛騨高山（高山市）の高山陣屋の門前の側溝に石橋が架かる。飛騨は金森氏が治めた後、幕府直轄の天領になり代官・郡代がいて陣屋があった。陣屋は御蔵が慶長年間（17 世紀初）、表門・御役所などが天保年間（19 世紀前半）の建築とされ、明治になり地方官庁舎に利用、現在は公開されている。陣屋前の石橋は橋桁が野面石（のづら）（濃飛流紋岩）で 5 枚ある。橋桁に隙間があり、現在コンクリートで埋めている。両側の低い高欄は木造のデザインを模し、親柱と柵は下の狭い橋桁と共にワンピースで、橋桁は実は 7 枚ともいえる。高欄の柵の部分で天端は中心線上を高くし左右に傾斜を付けている。橋面と親柱の表面に風化が見られる。

図 40　旧芝離宮恩賜庭園の西湖堤と石橋の端部（2017）

図 40-2　旧芝離宮恩賜庭園の西湖堤石橋（2017）

図 40-3　高山陣屋の石橋（2016）

図 40-4　高山陣屋の石橋・高欄（2016）

図 40-5　日比谷公園の石橋（2016）

図 40-6　日比谷公園の石橋・高欄（2016）

日比谷公園の石橋：東京に 1903（明治 36）年に開園した日比谷公園（千代田区）は、雲形池からレストラン松本楼に至る流れに石橋が架かる。それは江戸時代の徳川家の芝霊廟・旧御成門前桜川にあった石橋の一つで、市区改正の道路築造のとき公園に移したと伝え、高山陣屋の石橋と高欄の形が似ている。その石橋は安山岩製で、橋桁は短冊形の板石が 7 枚に見える。しかし両側の低い高欄は橋桁とワンピースに加工されており、橋桁は実は 9 枚である。高欄は天端の表面に小さなすり鉢状のくぼみがいくつもあり、見た目に柔らかく古色を帯びて見える。橋桁の表面にくぼみは無い。

著者は初め、この高欄の表面は旧芝離宮恩賜庭園の石橋のように、海蝕台（⇒ 25）から切り出した安山岩を、江戸で加工するとき海蝕のくぼみを残したかと思った。しかし高欄の親柱と柵に相当する部分は高低差のあるワンピースで、それぞれ天端に小さなくぼみが見え、柵の部分は天端の中心線上が高く、左右の傾斜面にくぼみがある（⇒ 41）。こんなに都合よく海蝕のくぼみがある石はあるはずがなく、日比谷公園の石橋の高欄のくぼみは手の込んだ細工である。安山岩の自然のテクスチャーとして海蝕のくぼみは芝霊廟の石工にも知られ、石橋の高欄の親柱と柵に相当する部分を自然なものに見せるため海蝕を模刻したのではないか。

余話　宇佐美の江戸城築城石の屋外展示（静岡県伊東市）

伊豆半島東岸の伊東市宇佐美は海水浴場で知られる。江戸時代には、海に迫る山に江戸城築城のための安山岩の石切場が何か所もあった。伊豆半島が含まれる、伊豆・小笠原弧と呼ばれる地質構造に花崗岩は少ない。

陸上トラック輸送など無かった時代、重量物の石材は海上を船による輸送であり、石切場は海岸近くでなければならなかった（⇒ 71）。

近年宇佐美の現地では石切場の調査研究が進んでいる。まちおこしにもつながるので、山には石切場見学のハイキングコースも設定されている。

山や海岸に残っていた江戸城の築城石（安山岩）、つまり石垣用の石材を集めて屋外展示したポケットパークが宇佐美にある。築城石そのものを知るには重宝な場所である。そこに展示・解説された石材は異なる刻印があり、往時の各大名家による採石の状況が思い浮かび、出荷された石材がどのような形状であったのか目の当たりにできる。

石材は、石垣の前面になる「面（つら）」の部分は石の大小にかかわらず平らに割り取られ、石垣の奥にかくれる「控え」の部分は、大きな石では斜めに四角錐状に加工され、小さな石では丸みを帯びた野面（のづら）である（⇒ 41）。石を割るための矢（wedge）の跡（矢跡）が残る石材もある。

余話図①　江戸城築城石の屋外展示（2016）

余話図②　江戸城築城石の矢跡（2016）

余話図③　野面石の江戸城築城石に刻印（2016）

41 小石川後楽園・日比谷公園　一部を割り取った庭石（文京区・千代田区）

江戸時代築造の小石川後楽園の大泉水の船繋場（⇒ 23）の近く、園路にせり出すように安山岩のなだらかな形の野面石が置かれ、庭の景を引き締めている。この庭石は表面にかすかに海蝕が見られるが、園路から見て裏側に当たる部分は矢（wedge）の跡が残り、そこでざっくりと割り取られており、庭石としては欠点を隠すような使い方である。素晴らしい庭石の数々のある小石川後楽園に、なぜこんな形の石が混じっているのか。

1903（明治 36）年開園の日比谷公園の霞門に近く、園路の傍らに安山岩のなだらかな形の野面石が配されている。この庭石は霞門側から見て裏側に当たる部分をざっくり割り取っている。はてどこかで見たような。そう小石川後楽園で見た庭石にそっくり。こちらは石の欠点を隠していない。

どうやら、どちらも石垣を築くために加工した野面石（⇒余話）の転用らしい。ざっくりと割り取られたのは「面（つら）」という石垣の前面に出る部分、なだらかな野面は「控え」という石垣の裏にかくれる部分であろう。なだらかな形だからこそ、後に造園用に選ばれたに違いない。

小石川後楽園は、大きなくさび形に加工された石や矢跡のある庭石もあり、石垣用の石材の再利用も一部に行われたのではあるまいか。

日比谷公園には、もと城石垣用と見られる加工された安山岩があちこちに使われ、矢跡のある石もいくつもある。維新後、旧江戸城の三十六見附の石垣は次々に撤去されたが、その石垣にあった石であろう。日比谷公園の石材は築城石の再利用で量を確保したと見られるが、石組の技法は築城石の外観を公園に活かしきるまでに昇華してはいない。

東京の中央公園・日比谷公園は、初の西洋式公園といわれることが多いが、心字池の他にも細部に日本庭園の石組の技法が使われている。ただし、細部の技法は設計者・本多静六博士の全体平面図からは読み取れない。

日本は 1897（明治 30）年に台湾総督府設置、非白人・非キリスト教国にして 1904（明治 37）～1905（明治 38）年の日露戦争でロシアに勝利、1910（明治 43）年に朝鮮総督府設置。20 世紀初頭の日本は北海道と沖縄も内地として意識されるようになり、多人種･他民族の帝国になっていた。

図 41　小石川後楽園　一部を割り取った庭石（2016）

図 41-2　日比谷公園　一部を割り取った庭石（2016）

42 日比谷公園　橋挟みの石（東京都千代田区）

橋を庭園景になじませる日本庭園の技法として橋挟みの石がある。橋の両岸、橋のたもとの左右に野面石を据えるのである。

西洋式公園と言われる日比谷公園の、レストラン松本楼の近くに石橋がある。その石橋に橋挟みの石のつもりらしきものが計 3 石あり、いずれも安山岩である。石橋に比べて小さく、石橋の架かる園路の側溝の外にあるため、注意しないと気付かない。この石橋は実用の橋を移設したと伝わり、実用の橋には橋挟みの石などない。石橋を公園へ移設するに当たり、日本庭園の技法を知る者が、橋挟みの石を据えないと落ち着かなかったのか。

その橋挟みの石の一つは刻印があり、城石垣用の石材だったとわかる。江戸城の石垣は諸大名が手伝って普請したので、大名家は石材に刻印を施した（⇒余話）。日比谷公園が造られたころには東京は近代都市として改造が進み、街路整備に伴い江戸城の三十六見附と呼ばれた見附の石垣の多くは撤去された。刻印のある橋挟みの石は撤去された石垣から出てきたものであろう。石の模様としての面白さで使われたと見られる。

橋挟みの石の一つは矢跡、つまり石切り場で石を切り出すときに使った矢（wedge）の跡がある。矢跡を石の模様の面白さとし、城石垣の石の転用と見られる。芝霊廟にあった石橋と橋挟みの石は江戸の名残である。

図 42　日比谷公園　橋挟みの石の刻印〈flash〉（2016）

臥龍山荘の石積み（愛媛県大洲市） 43

大洲市は旧大洲藩の城下町で古い町並みが残る。市内の肱川に臥龍淵と呼ばれる景勝地があり、そのほとりに明治の豪商・河内寅次郎の臥龍山荘がある。神戸市で木蝋の貿易で成功した河内の晩年の山荘である。木蝋を採るハゼノキは南予一帯で栽培され、旧大洲藩の財政を支えたほどであった。明治期には木蝋は海外にも輸出された。

臥龍山荘の門をくぐると重厚で派手な美しい石積みがある。この山荘の外周の石積みとは異なるもので、敷地内側の空間に斬新な石の積み方をしていると言ってよい。色はくすんでいるが青石（緑色片岩）の切石をすき間なく積んでいる。丸い石の鉢を混ぜて積み、樹木を取り込んで積むなど、趣向を凝らし工芸的な石の積み方である。緑色片岩の割肌には細かいひだがあって、そのひだに光が乱反射するのだが、肱川のほとりの霧が発生するような場所では苔が付きやすい。山荘ができた当初、この石積みは緑色片岩の新鮮な割肌が輝いていたことだろう。

愛媛県には日本列島を東西に貫く三波川変成帯があり、青石が産出する。

図 43　臥龍山荘　青石の切石積み（1989）

44 臥龍山荘　飛石と延段（愛媛県大洲市）

茶庭は狭いが亭主の心配りが反映され、来客の茶会記などに詳細が書き残されるほど細部まで鑑賞される。臥龍山荘は3棟の茶室と茶庭が美しい。茶の湯の千家十職に数えられる職人も使っている。茶庭は神戸の庭師・植徳が10年がかりで完成させたという。1907（明治40）年に竣工。

臥龍山荘の庭は3棟の茶室を飛石と延段で結び、飛石と延段は趣向に満ちている。飛石と延段の石材は選び抜かれているが、石のサイズは大と極小を織り混ぜ、形はさまざま、色石を混ぜ、石臼をいくつも取り入れるなどテクスチャーは変化に富む。派手な飛石と延段なのに仕上がりは綺麗で破たんが無い。小ぶりの飛石は滑らかなもので川石であろう。

愛媛県には三波川変成帯があり、青石（緑色片岩）や紅れん片岩が産出する。それら色鮮やかな石も飛石に使っている。

石臼は明治時代に製粉が機械化されて産業的に無用になり、それを庭に再利用した。白い花崗岩の丸い石臼の目の幾何学的な美しさを再発見し、飛石に活かしたのである。石材の再利用は、造園の本質に関わることで、しばしば行われてきた（⇒38，41）。飛石と延段の美しさを際立たせているのは庭の苔である。苔が美しいのは臥龍淵の霧のおかげか。

茶の湯は明治の富裕層には社交の上からも、重要なたしなみであった。

図44　臥龍山荘　飛石と延段（1989）

おはなはん通りの住宅門前の色石の石畳（愛媛県大洲市） 45

大洲市には古い町並み「おはなはん通り」が残っている。明治期の木蝋輸出で栄えた時代の町並みという。

その通りの住宅の門前にコンクリートで固めたカラフルな石畳があった。色鮮やかな石は総称して色石と呼ばれる。かつて門構えのある住宅の門前は舗石に心を配った。この住宅はコンクリート舗装に色石の玉石を埋め込み石畳に仕上げている。

愛媛県を東西に横断する三波川変成帯の地質には緑色片岩も紅れん片岩も産出する。地元の肱川から採れる川石の色石を活かしている。カラフルな外装床タイルなど無かった時代、色石は重宝な舗装材であった。

「おはなはん」はNHKテレビの朝の連続ドラマのタイトル、主人公の女性の愛称で、明治中期から昭和期にかけての物語、大洲市でロケが行われ、1966（昭和 41）年に放送され視聴率が高かった。

図 45　おはなはん通りの住宅門前の石畳（1989）

46 円山公園　流れの真黒石（京都府京都市）

円山公園は祇園枝垂桜で知られる桜の名所で、1889（明治22）年に京都府から京都市に移管された市内最古の都市公園である。1912（明治45・大正元）年まで拡張整備され、小川治兵衛（植治）により池泉回遊式庭園が造られ、現在の形になった。近代の公園に日本庭園を造るとはさすが京都。

流れも植治の作。観察にもとづく自然景観の優れた再現である。自然の清流には水面に石が点在して見えるものだが、それを縮めて表した。川石、賀茂川真黒石（まぐろいし）（粘板岩）の片手で持てるサイズを流れに大量に使った。

京都盆地周辺の地質は秩父中古生層であり、賀茂川はチャート、粘板岩など中古生層の岩石の砂礫が川床にあるが、真黒石だけまとまった川原などは無く、真黒石だけ選別し拾い集めて作庭したのである。流れはコンクリートで固めている。真黒石とはいえ色彩は厳密には黒ではなく暗い灰色であるが、庭石として尊重される。黒は日本人にとって黒紋付・黒留袖など正装の色彩でもある。

円山公園は太政官布告に基づき1886（明治19）年に公園地に。八坂神社その他の境内地を、廃仏毀釈の一環として1871（明治4）年の上知令により政府が没収した敷地で、9haに及ぶ。八坂神社は7月の祇園祭の山鉾巡行で知られるが、江戸時代まで祇園社・感神院と称し神仏習合であった。

図46　円山公園　流れの真黒石（1983）

旧古河庭園　車寄せへの園路（東京都北区）

47

旧古河庭園は古河財閥の 3 代目・古河虎之助男爵の邸宅であった。本館と西洋式庭園は1917(大正6)年に竣工、日本の女性と結婚し日本で亡くなった英国人・鹿鳴館の建築家・ジョサイア・コンドル晩年の作品。本館は小松石（安山岩）の切石を積む。

門から車寄せに至る邸内の広い園路は、舗装は豆砂利敷きで両側に側溝がある。側溝は、花崗岩の直方体の縁石が 2 列あり、植え込み側の縁石がやや高く、縁石の間は現場打ちコンクリートで皿型に仕上げられている。

この側溝は日比谷公園（1903（明治 36）年開園）の幹線園路の側溝とほぼ同様の造りである。日比谷公園の開園時の幹線園路は馬車の利用を想定していた。現在日比谷公園の幹線園路は、開園時の豆砂利敷きがアスファルト舗装に改修され、側溝は開園時の現場打ちコンクリートの皿型の部分が皿型ブロックに置き換えられた。

古河邸のころ、日本は 1914（大正 3）～1918（大正 7）年の第一次世界大戦に参戦して戦勝国となり、1920（大正 9）年に旧ドイツ領で太平洋の赤道に至る南洋諸島を委任統治地にした。当時日本の北端は千島列島。

太平洋戦争の敗戦後、旧古河邸は連合軍に接収され、財閥解体、財産税の物納により国庫へ。1956（昭和 31）年に都立庭園として開園。

図 47　旧古河庭園　車寄せへの園路（2016）

48 旧古河庭園　車寄せの赤玉石（東京都北区）

近代の東京の庭園で飾り石の典型、豊かさの象徴が佐渡島産の赤玉石（ジャスパー）であった。日本の石としては類を見ない鮮やかな赤さと表面の艶やかさが富裕層に好まれて流通したが、高価である。佐渡島から東京まで大石を運ぶことが輸送の近代化によって可能になったことが背景にある。

旧古河庭園では本館前の車寄せのロータリーとそこに至る園路に赤玉石が、いくつも置いてあり無造作にも見える。古河家には赤玉石がこれだけあります、という誇り。とはいえ赤玉石としては、地味な色調の石で、さりげない使用例である。

古河財閥は、鉱業・電気・電機・銀行などの事業を展開した。足尾銅山を近代的に開発したが、1891（明治 24）年に足尾（渡良瀬川）鉱毒問題を引き起こし、日本の公害の原点と言われる。軍需産業にも進出した。

古河虎之助が男爵に叙爵されたのは 1915（大正 4）年、父市兵衛の経済発展の功による（註：下線のように爵位は世襲であった）。その前年、日本は第一次世界大戦に参戦、ドイツ領の南洋諸島を占領し、ドイツ領青島（チンタオ）を攻略していた。

図 48　旧古河庭園　車寄せの赤玉石（1987）

旧古河庭園　石の手摺り（東京都北区）　49

旧古河庭園の本館から南向きの傾斜地に、幾何学式のデザインの西洋式庭園を見晴らせる。

本館と南向き斜面の境の狭いテラスの、石段入口の両側に西洋式の石の手摺りが造られている。石の手摺りとしては素朴な部類のデザインで、笠石と石柱の部材の断面は四角形である。

安山岩の切石で造られ、手摺りの天端は平坦に仕上げられているが、手摺りの石柱や笠石の側面の表面仕上げは粗い。これは庭園工作物ゆえ、粗い仕上げにして庭園の景観に調和させる配慮をしているのである。

神社に石の玉垣が造られていたのであるから、西洋式の石の手摺りは、日本の石工にさして困難な仕事ではなかったであろう。

図49　旧古河庭園　石の手摺り（2016）

旧古河庭園　西洋式庭園の石段（東京都北区）

旧古河庭園で低地の広い日本庭園に至る南向きの傾斜地は、三つの斜面とその間の二つの平坦地に造成されている。傾斜地は本館を見通す軸線を中心にほぼ左右対称、幾何学的なデザインの西洋式庭園である。

ヴィクトリアン・ゴシックの本館の直下、上の斜面は平らに刈り込まれたツツジの植え込み、その下の平坦地はヨーロッパのものより狭小で緻密な刺繍花壇と美しく管理されたバラ。中の斜面は芝生、その下の平坦地はツツジの丸い大刈込群。下の斜面は黒ぼく石の石積みで落葉樹林が覆う。

三つの斜面のほぼ左右対称のデザインの軸線上に、3 段、2 種の石段がある。

上の斜面と中の斜面の石段は、踏面は安山岩の長方形の板石で、石張りの階段である。各段の踏面の石は、表面が平坦に加工されて蹴上にややせり出し、せり出している断面はノミ切り仕上げで粗い。蹴上は不整形の安山岩の小さな石の目地を美しく見せて張るが、表面は粗い。せり出した板石が南向きの石段に陰影を作る。

落葉樹林が覆う、下の斜面（⇒ 51）の石段は、安山岩の塊状の石材で、各段の先端の石は細長い直方体の切石、表面仕上げは粗い。踏面の内側の石張りは目地が曲線で小さな不整形の石を使っているが、表面は均等な粗

図 50　旧古河庭園　西洋式庭園の石段　下の斜面（2016）

い仕上げである。石段の下の低地の日本庭園は雨天に園路を歩けば履物に多少は泥が付着する。雨で石段が濡れているとき、石の表面が平滑では履物に付着した泥によってスリップしやすくなる。それを予防する手の込んだ技である。

J. コンドルの設計も写真に残る鹿鳴館の庭は見られたものではなかったが、日本庭園の研究を経て、旧古河庭園の西洋式庭園は見事な出来栄え。

図 50-2　旧古河庭園　西洋式庭園の石段　中の斜面（2016）

51 旧古河庭園　斜面の黒ぼく石積み（東京都北区）

西洋式庭園の三つの斜面のうち、最も下の斜面は黒ぼく石積みである。低地の日本庭園に移行する空間に黒ぼく石（玄武岩）を積んだことは賢明である。石積みの前面にゆるやかな起伏や出入りを造り、自然な雰囲気を見せている。

石材の黒ぼく石は角張っており、富士山の溶岩である。多孔質であり、樹下ならば苔が付きやすい。江戸・東京では各所に富士山信仰の富士塚が、富士山の石を積んで造られた。その伝統の延長上にあるとはいえ、この庭の黒ぼく石積みは富士山麓の溶岩台地の景を写したかのような自然な雰囲気がある。

黒ぼく石積みの斜面の中央に整形的な石段（⇒ 50）があり、石積みと石段のテクスチャーの対比が利いている。この斜面までがJ. コンンドルのプロデュースなのであろう。

ちなみに江戸・東京の庭の池のほとりに使われた黒ぼく石は丸みを帯びており、真鶴方面の海岸の箱根火山の溶岩である。

富士山も箱根火山も伊豆・小笠原弧の陸の火山である。

図 51　旧古河庭園　斜面の黒ぼく石積み（2016）

旧古河庭園　中島の飛石（東京都北区） 52

この中島の飛石は上手い。さすがは京都の小川治兵衛（植治）の作庭である。

玉石（安山岩）と小ぶりで表面にやや凹凸のある青石（緑色片岩）などを組み合わせている。小さなくぼみのある石を二つ見つけて、くぼみのところを向き合わせて配置している箇所もある。地表からの石の高さ（ちり）が、石のサイズとのバランスから見てもちょうどよい。

ひとつひとつを見ればなんということもない石である。となりの石との対比効果によってそれぞれの石の魅力を存分に引き出している。玉石の艶やかさをこんなに美しく見せるとは。

テクスチャーの連続性と変化によって、一連の飛石として巧みに構成している。飛石を踏む前にうっとり眺めた来客もいたことだろう。

いくつかの石は根入れがとても深いのではあるまいか。植治は青石を京都ではあまり使っていないが、この庭には多用している。

旧古河庭園の日本庭園は植治が 1918（大正 7）年に仕事を始め、翌 1919（大正 8）年に竣工した。つまり本館と西洋式庭園完成後に作庭したのである。植治は旧古河庭園の日本庭園と同時期に東京市内でいくつかの庭園を造ったが、現在残っているのはここだけになった。

図 52　旧古河庭園　中島の飛石（1987）

53 旧古河庭園　大滝の石組（東京都北区）

旧古河庭園の日本庭園の大滝は現在も美しく水を落としている。本館のある高台から日本庭園の池のある低地に南向きに造られた滝は、園内の西洋式庭園では三つの斜面と二つの平坦面に造成された十数mの高低差を流れ落ちる。そう、大滝の水も三段に落ちている。

三段はほぼ、流れ1→小滝1→流れ2→小滝2→流れ3→小滝3という構成で大滝にしており、池畔の滝見の広場の位置を引いて三段の大滝を見せている。さすがに大滝を構成する流れ1～3は下からはほとんど見えない。小滝1～3は位置を前後したので庭石を安定的に組む地盤を確保できた。

大滝を構成する野面石は主に花崗岩で、最下段の小滝3の周囲は丸味を帯びた細長い石が多く、小滝1・2の周囲はずんぐりした石が多いが、いずれも白っぽく明るい色彩である。それで木陰にある大滝は全体の印象がほのかに白い。細長い石を立てて、ずんぐりした石を伏せて組んでおり、ずんぐりした石でも節理の線を縦方向に見せ、全体として鉛直線が利いている。小滝3の落水の奥の石も花崗岩で白っぽい。自然の花崗岩の山に見られる柱状節理を想起させ、縮景の技法で実寸よりも大きく見える滝石組である。花崗岩の庭石には据えられてから表面が黒っぽくあるいは茶色っぽくなる石もあるが、この大滝の花崗岩はそうではない。

江戸・東京の庭園では花崗岩が石組の主役になった例は少なかった。この大滝の花崗岩の石組はその点で近代の新たな事例である。

部分的に黒ぼく石（玄武岩）を使っているが、花崗岩と色彩・テクスチャーの面でよい対比効果を挙げている。黒ぼく石は関西では受け入れられなかった庭石であり、植治がよくぞ使ったとも思う。大滝の左下に大きな滑らかな青石（緑色片岩）を使って庭景を引き締めている。上段の小滝1の上部に玉石を使っているが、水のイメージの強調であろう。

自然の花崗岩の山の滝は、巨大な岩体の縦の節理の窪みに流れ落ちている例が多く、この庭園の景のようではないが、滝のモデルはどこであろう。これほどの高低差は植治としても空前の滝のはずであるが、先行して斜面を活かした西洋式庭園に刺激を受けたのかも知れない。

この大滝もそうだが、植治の庭には土木技術的内容を伴っている。植治は京都で同じ町内の土木業の協力を得ていた。造園学を工学的アプローチで研究した京都学派の新田伸三博士の実家である。

図 53　旧古河庭園　大滝の石組（2016）

54 田園調布駅前広場　石の施設（東京都大田区）

田園調布は欧米を視察した渋沢栄一の田園都市の理想を追求して開発された。1918（大正 7）年に田園都市株式会社が分譲開始、目黒鎌田電鉄株式会社が鉄道を引き、田園調布駅舎は 1924（大正 13）年に完成した。いまでこそ高級住宅地の代名詞の感がある田園調布であるが、往時は中産階級のための分譲地であった。その後、田園調布以上の都市開発がなされなかったのである。1920 年代の日本はホワイトカラー層が成長し、大衆消費社会の域に達していたとされる。

田園調布は駅前広場とロータリーがあり、街路が放射状に伸びる。駅前広場は沈床式になっていて、壁泉のある池がある。大谷石（凝灰岩）の切石を積んだ柱と石積み、鉄平石（安山岩）の石張り舗装を用いている。

駅はすでに地下駅として改造された。レトロな旧駅舎は 1 階の入り口に大谷石積みを用いていた。旧駅舎は 1990（平成 2）年に解体されたが、2000（平成 12）年に駅舎機能のないシンボルとして元の場所に復元された。

1990 年当時の旧駅舎解体前の広場の写真を掲載しておく。

図 54　田園調布駅旧駅舎（1990）

図 54-2　田園調布駅前広場　外周のタイル舗装は後補（1990）

皇居外苑　行幸通りの旧門衛所（東京都千代田区）

55

皇居外苑から東京駅前に至る行幸（ぎょうこう）通りの、和田倉濠と馬場崎濠の手前の交差点角に旧門衛所は一対あり、その石の柵がお濠沿いに続く。

1923（大正 12）年に発生した関東大震災の復興事業として、行幸通り（都道）は 1926（大正 15）年に完成し、4 列のイチョウ並木がある。天皇が皇居から東京駅に行幸される時を第一義にした、シンンボリックな街路で、ここにランドスケープ・デザインの思想が生まれていたとも評される。

旧門衛所は小さいが頑丈そうな、安山岩による石造アーチ風の四本柱の小建築である。屋根は直壁とその上に四角錐が帽子のようでオベリスク風。

石やれんがを積む組積造の建物は関東大震災で壊滅したので、震災復興期には鉄筋コンクリート造躯体の表面に石やれんがを張る仕上げに変わった。旧門衛所の石材は積み上げているわけではなく、巧みな石張りである。石の微妙な色違いが手作り感を醸し出し、表面仕上げがなめらかで丁寧だが、風化が始まり、下地のモルタルに起因する白華現象も一部見られる。

太平洋戦争敗戦まで天皇は現人神（あらひとがみ）で皇軍の大元帥、皇居（宮城と呼ばれた）は遥拝の対象であり、その旧門衛所は重厚で威圧感さえ感じさせる。

いま無人の旧門衛所は皇居外苑のお濠の景になじみ、観光客が休憩する。

安山岩の重厚な石柵も、お濠の石垣に対峙して見どころである。

図 55　行幸通りの旧門衛所（2016）

56 飛騨高山の「秋葉様」 台座の石（岐阜県高山市）

飛騨高山（高山市）には、川端・橋のたもと・町の辻など、いたるところに神明造の木造の小さなお社（やしろ）があり、高山の町の特色の一つである。その神明造のお社は「秋葉様」と呼ばれ、火伏（ひぶせ）（防火）の神様である。高山は明治期まで大火がたびたび発生し、秋葉信仰が普及した。秋葉様は江戸時代から現代まで高山の市街地の拡大とともに建立が続いてきた。春秋の高山祭を執行する古い町並みは、祭屋台を引く屋台組に分かれているが、その屋台組が祀る秋葉様がある。

神様は見上げて拝むものであるから、社殿は台座の上に鎮座している。その台座には茶褐色で縦長の野面石（のづらいし）が使われていることが多い。秋葉様は神明造の社殿と共に台座の石もよく目立ち、見どころの一つになっている。この石は高山駅の南西、松倉山で採れる松倉石（まつくらいし）（濃飛（のうひ）流紋岩）である。濃飛流紋岩には柱状節理がある。高山の秋葉様は、粗野にも見える松倉石の台座の上に精巧な細工の神明造のお社という型が、全てではないにしても、数多く存在する。お社と台座を上屋が覆っていることも多く、秋葉様の狭小な境内に植栽が施されていることも少なくない。

古い町並みの上三之町の辻に江戸時代から続く料亭「洲さき」前に江戸時代からある秋葉様は、魅力的な添景になっており、1925（大正 14）年に現在の位置・形に造られたと「高山市史」に記録される。その台座の松倉石は、料亭前の側溝に橋を架けた形の基礎の上に建てられ、高度な技法が使われている。石工は高忠。この料亭を描いた江戸時代の絵図には秋葉様は樹木が並ぶ料亭前の路上にあり、神明造で台座は石積み、料亭と秋葉さまの間に側溝があった。市内を流れる宮川の中橋（高山の観光写真に使われる朱塗りの橋）架橋と街路拡幅により、秋葉様は側溝の位置に移った。1925 年は普通選挙法が公布され、東京放送局はラジオ放送を開始した。日本は非白人・非キリスト教国としては初めて近代化し、世界の列強になっていた。

洲さき前の秋葉様は料亭と、日枝神社の氏子組織で春の高山祭に屋台を曳く恵比須台組・龍神台組により、神職を招いて祭礼が行われている。

高山市を訪れた旅行者は古民家や祭屋台に飛騨の匠の技を目の当たりにする。著者は初めて飛騨高山を訪れた早春、朝霧のなかに濡れたように立つ秋葉様の小さなお社に、不思議なものを見ている印象を持ち、それを忘れられない。

図 56　料亭前の「秋葉様」(2014)

図 56-2　「秋葉様」の台座の松倉石（2014）

57 起雲閣の庭園　石張り園路・石井筒・朝鮮灯籠（静岡県熱海市）

起雲閣は現在熱海市の所有、市指定の有形文化財である。1919（大正 8）年、第一次世界大戦の戦争景気で財を成した海運王・内田信也の別邸に始まり、1925（大正 14）年に鉄道王・根津嘉一郎の別邸になった。

1920 年代の日本は汽車と汽船による全国ネットワークがほぼ完成した。

起雲閣は和洋の建物がすばらしい。ゆるやかな起伏の芝生と曲線の水際の池の広い庭園は、茶人でもあった根津が昭和に入り整備した。

曲線の園路は石張りで、この時代の庭の特徴の一つである。玉石の平坦面を選んで路面に向け、玉石の目地を美しく合わせながらコンクリートで固める、丁寧な仕事をしなくてはならない。

太平洋戦争後の 1947（昭和 22）年から 1999（平成 11）年まで、旅館「起雲閣」であり、文人たちにも愛好された。海岸に山が迫り温泉のある景勝地、東京からの保養地・別荘地として発展した熱海の文化の水準を示している。

起雲閣の石の組井筒（花崗岩）は古びてうつくしい姿かたちを見せている。平面は正方形に近いが、景色に野趣と変化がある。井筒に石灯籠を添える約束事はないのだが、ここでは朝鮮灯籠（花崗岩）の古びた優品を添えて坪庭の見どころにしている。近代の庭における石造美術品の置き合わせの妙か。茶の湯では朝鮮の李朝時代の焼物・井戸茶碗が尊重されていた。

朝鮮の石灯籠など石造美術品が日本に数多く伝来したのは、1910（明治 43）年の日韓併合の影響である。朝鮮は帝国の一部になり、植民地支配が行われた。現代の石灯籠のカタログにさえ、この種の朝鮮灯籠を「昌慶苑型」としているものがあった。昌慶苑とはソウルにある李朝時代・15 世紀の昌慶宮を、日本人が桜を植え動物園や植物園のある苑地に改修した時の名で、富裕な日本人の朝鮮旅行の観光名所であった。現在のソウルの昌慶宮は韓国が復元したのである。

石の井筒は江戸時代には庭石屋の取り扱う品目になっていた。井筒は庭の見どころの一つであるが、今日では井戸水を使わず、安全優先のためか蓋が架けられて形姿が十分見えないものが多い。

図 57　起雲閣　石張り園路（2012）

図 57-2　起雲閣　石井筒・朝鮮灯籠（2012）

58 表参道にあった同潤会青山アパート外構の大谷石積み（東京都渋谷区）

表参道の現在の表参道ヒルズの場所に1927（昭和2）年から2003（平成15）年まで、鉄筋コンクリート造3階建ての同潤会青山アパートがあった。関東大震災後の復興期、東京市内各所に同潤会により建設された耐震・耐火性の高い鉄筋コンクリート造アパートの一つで、近代都市・東京の新たな住宅であった。間取りは8畳＋4畳半＋3畳＋台所、別に共同浴場。

同潤会青山アパートの外壁はコンクリートに錆砂利の洗い出し仕上げ、外構で街路とアパートを区切るのは直方体に加工された大谷石（凝灰岩）の切石の低い石積み、空地には植栽・遊具・井戸などもあった。

外壁の錆砂利は、茶庭の敷砂にも使われる茨城県産の桜川砂（主に花崗岩）。大谷石は栃木県産、軟質で加工し易く耐火性も高く、震災復興期以降の住宅や外構に多用された。桜川砂も大谷石も光沢は無い。公園の遊具は震災復興期の小公園の整備で普及したが、このアパートにもあった。

著者が撮影した1988（昭和63）年でも、同潤会青山アパートは老朽化の印象があったが、高級ブティックも入居していた。錆砂利の外壁と大谷石の切石積みは、素朴な材質感にあふれていた。

〈代々木野をひた走りたりさびしさに生きの命のこのさびしさに〉

斎藤茂吉がこの歌を詠んだ1913（大正2）年、代々木に明治神宮内苑の森はまだ無く、軍の練兵場があった。1920（大正9）年、明治天皇を祀る明治神宮が鎮座、表参道も整備、ケヤキ並木が植栽された。一直線に約1kmの表参道は、いちど下がってまた登るという坂道である。震災後の1926（大正15）年、表参道一帯は風致地区に指定、1919（大正8）年制定の都市計画法による風致地区第1号であった。そして同潤会青山アパート建設。

太平洋戦争末期1945（昭和20）年の大空襲で明治神宮の社殿は焼失し（戦後再建）表参道のケヤキ並木も被災（戦後補植）、しかし同潤会青山アパートは残った。表参道から南、渋谷常磐松にあった東京農業大学も焼失した。戦後、代々木の練兵場跡にアメリカ軍の居住舎ワシントンハイツが出現、その顧客を目当てに洋風の店が表参道に並ぶ。ワシントンハイツ返還後、1964（昭和39）年の東京オリンピック選手村と代々木競技場になり、表参道はさらに華やかに変貌。選手村跡に1967（昭和42）年、代々木公園が開園した。

同潤会青山アパートは約四分の三世紀を経て、惜しまれつつ解体された。

大谷石は栃木県宇都宮市産、地元で土蔵やかまどに使われていたが、1896（明治29）年の鉄道輸送開始から東京方面に販路が広がった。軟質で吸水率が高く風化も早いが、大谷石の切石積みは今も都内各所に見られる。

図 58　同潤会青山アパート　大谷石の切石積みと遊具（1988）

図 58-2　同潤会青山アパート　錆砂利の外壁と大谷石の切石積み（1988）

59 東京大神宮境内　石の施設（東京都千代田区）

関東大震災後の1928（昭和3）年に東京大神宮は千代田区飯田橋に遷座した。この神社は1880（明治13）年、伊勢神宮の東京における遥拝所として千代田区日比谷に創建された。現在の宝塚劇場のあたりであった。

1900（明治33）年、皇太子（後の大正天皇）の皇居内・賢所（かしこどころ）での神前結婚を記念し、東京大神宮は神前結婚式を日本で最初に行った。明治政府が布教を許したキリスト教会が結婚式をしていたので、神社もするようになったのである。夏目漱石の1913（大正2）年の小説「行人」の一節、場面は東京、『……十一時に式がある筈の所を少し時間が遅れた為め岡田は太神宮の式台に出て、わざわざ我々を待っていた。』

東京大神宮の境内はさして広くはないが、現在は若い女性の参拝者が実に多い。若いカップルの期待に沿うには、神社境内も旧態依然ではいられまい。境内は古くからある石の施設に、新しい石の施設を加えて整備されてきたらしく、美しい花崗岩の舗石などスタイリッシュで若者好みである。

参道の長方形の敷石は白い花崗岩のノミ切仕上げ、拝殿・本殿の基壇の舗石は白い花崗岩の磨き仕上げ、これらは昭和初期のようで、舗石の磨き仕上げなど当時の庶民はめったに見られなかったであろう。

参道に直角方向に飛石状に配された黒っぽい花崗岩の切石はバーナー仕上げ（花崗岩が高熱の火でぼろぼろになる性質を利用して、切石の表面をバーナーで焼いてざらざらにする仕上げ）、これは近年のようで、境内の石の表面仕上げは多彩である。参道の敷石の間に敷かれた黒い敷砂利（粘板岩）はボリユウム感がある。

1930（昭和5）年に奉納された一対の御影石（花崗岩）の石灯籠があり、木造のデザインを石造にしている。その一つに『万安楼　木挽町』と刻まれているが現在の銀座一丁目にあった高級料亭の名で今は無い。

近代日本の国家の宗教は神道であり、皇祖神（皇室の祖先の神）を祀る伊勢神宮は至高の神社とされた。1920（大正9）年に明治神宮鎮座、近代の明治天皇を神として祀る巨大な神社ができた。震災後の東京大神宮の飯田橋への遷座により、皇居から内濠の北に靖国神社、外濠の内側北端近くに東京大神宮という配置になった。1940（昭和15）年の「紀元2,600年」の国家的祝典の際には、昭和天皇の伊勢神宮参拝の時間に合わせて全国民が黙とう、伊勢神宮を遥拝する儀式があった。

国家神道は太平洋戦争敗戦まで続き、それを背景に、神前結婚式の普及は早かった。

図 59　東京大神宮境内（2016）

図 59-2　東京大神宮の石灯籠（2016）

60 台場公園の石垣（東京都港区）

幕末に海上に石垣を築いた砲台跡が 1928（昭和 3）年、関東大震災後の復興期に「台場公園」になった（国の史跡）。

ペリーの浦賀来航を受け 1853（嘉永 6）〜1854（嘉永 7）年に、海防のために第一〜第六台場が品川沖に建設された。品川から北東方向へほぼ一列、ほぼ等間隔に第四・第一・第五・第二・第六・第三と台場が並んでいた。当時の隅田川河口東側の汀線は深川の地先で、木場の貯木場があった。台場の設計者は韮山の反射炉で知られ西洋砲術の普及に努めた幕臣・江川太郎左衛門。しかし台場から大砲は放たれずに 1854 年、日米和親条約。

近代港湾としての東京港の整備は関東大震災後に始まり、太平洋戦争後の航路や埠頭の建設と共に台場は撤去あるいは埠頭に埋没した。第三・第六台場が現存し、第三台場は震災後の復旧工事の際に陸続きになり、いまは「お台場海浜公園」につながっている。第六台場は立ち入り禁止。

レインボーブリッジから見下ろす台場の平面形は第三がほぼ正方形、第六がほぼ五角形だが、水上バスで近くを航行すれば、安山岩の巨石の積み方が布積み・谷積みと側面により違いがあり、突貫工事で石垣を積む手が異なったか、見どころである。石垣の天端近くに忍び返しをせり出して築いている。元来砲台なので、クロマツの高木植栽は無かった。

図 60　台場公園の石垣（2013）

飛騨高山の日枝神社　社号標石（岐阜県高山市）

61

飛騨高山（高山市）の神社の多くは社号標石に松倉石（濃飛流紋岩）を用いている。それは柱状の野面石で茶褐色、角張らず丸味を帯びている。春の高山祭（山王祭）で知られる日枝神社の社号標石はことに大きく、高さ6.5mに達する。日枝神社は高山駅の南東の城山のふもとにあり、社号標石の立つ場所は、参道入口まで約300m 手前の道路脇、宮川の桝形橋を渡ったT字路の角で、石柱が神域を示して印象的である。

この標石は頭頂が向かって左にやや傾いているのだが、社号の縦書きの文字がまっすぐに見えるよう彫られて建立されている。石工は立田万年。

山王祭に巡幸する12 台の祭屋台はこの社号標石のある道を通り日枝神社を発着する。この社号標石の高さは屋台の高さに匹敵する。

高山の神社の松倉石の社号標石は、その形姿が素朴でいかにも古く見えるが、江戸時代から続く高山祭の屋台と異なり、近代のものである。

日枝神社は1932（昭和7）年に氏子の悲願であった社格「県社」に昇格、社号標石の建立は、鉄道・高山本線が開通し高山駅ができた1934（昭和9）年で、「飛騨高山明治・大正・昭和史」が飛騨高山が陸の孤島から解放されたとする年であった。そのころ日本は朝鮮や中国に帝国主義的に進出し、1932 年には満州国建国、1934 年に満州国は帝制を実施した。

日枝神社社号標石の書は山岡鉄舟。鉄舟は江戸生まれ、幕臣で飛騨郡代になった父と少年時代を高山で過ごし、駿府で官軍の西郷隆盛と徳川慶喜

図 61　日枝神社の社号標石（2012）

の処遇を巡り談判し、維新後に明治天皇の侍従になり、後に子爵。

近代の国家神道の時代、神社は一般的に四角柱の社号標石を建て、県社・村社などの社格を社号の上に刻んだ。ところが高山の神社は、野面の松倉石の社号標石で社格も彫らなかった。

松倉石の巨石は「大物（ダイモチ）曳き」という行事で、大勢の氏子によって橇（そり）を曳いて雪上を運搬された。飛騨民俗村「飛騨の里」の旧八月一日（ほづみ）家住宅に各種の橇（そり）の展示が充実しているが、そこに「ダイモチ橇」も展示されている。

ダイモチ曳きのことは越後の雪と生活に関する書物「北越雪譜」（天保8（1837）・天保12（1841）年刊）にも大材の雪上運搬が記録されている。

秋の高山祭（八幡祭）は桜山八幡宮の祭りである。宮川上流、古い町並みの南側、上三之町までが日枝神社の氏子、宮川下流、古い町並みの北側、下三之町からが桜山八幡宮の氏子である。

図61-2　祭屋台の一つ・龍神台（2001）

図61-3　「飛騨の里」の展示：ダイモチ橇と石（2012）高山市使用許可

東福寺本坊庭園　石の北斗七星（京都府京都市）　62

東福寺は臨済宗東福寺派の寺院で、本坊の建築は 1890（明治 23）年の再建、本坊方丈の東西南北の庭は 1939（昭和 14）年に重森三玲が無償で作庭した。そのうち、東庭は北斗七星を表現している。星には細身の円柱状の石（花崗岩）、7 本の石柱はもと東福寺山内の建物の木柱の礎石で、天端にほぞ穴が掘られていた。石柱の配置と高低差によって星座を表わした。北斗七星は春・夏に天頂に近く見え親しまれてきたが、庭の意匠になった例はほとんど無かった。石柱の周囲に白川砂（花崗岩）を敷き、その外側は苔を張り、白砂は星座の輝き、苔は空にかかる雲にも見える。天の川は生垣により表現され、枯山水の技法を使い天体を庭景にした。

日本が旧暦を使っていた時代には七夕とお盆の行事は関連が深かった。

北斗七星といえば近松門左衛門の人形浄瑠璃「曽根崎心中」（1703（元禄 16）年）、おはつ・徳兵衛のラストの道行（みちゆき）は『……空も名残（なごり）と見上ぐれば雲心なき　水の音　北斗は冴えて影映る　星の妹背の天の川……』と星座をロマンチックに語る。近松は京都で公家に仕えたのち歌舞伎と浄瑠璃の作者になり、当時の心中を題材に「曽根崎心中」の興行は成功したが、幕府が上演を禁止。復活上演は実に東福寺の庭よりも後、太平洋戦争後、歌舞伎で 1953（昭和 28）年、人形浄瑠璃は 1955（昭和 30）年であった。

図 62　東福寺本坊東庭の北斗七星（1994）

63 雄山神社前立社壇
玉石積みと常願寺川（富山県立山町）

アルピニストの目指す立山連峰には仏教由来の地名が数多く残る。

雄山神社の社殿は、立山・雄山山頂（3,003m）の峰本社、芦峅寺の中宮祈願殿、岩峅寺の前立社壇の三か所にある。雄山神社は立山権現と称した時代は神仏習合であり、立山修験は立山を神体（信仰対象）とした。しかし明治政府の宗教政策は神仏分離、修験道を禁じた。雄山神社は式内社、越中の国一宮であり、1939（昭和 14）年に国幣小社に。

前立社壇は常願寺川の畔、重文の社殿のある境内の外周を区切る玉石積みが築かれている。それは富山平野の農家の玉石積みと技術的に同様である。神社は地元の奉仕で成り立つから、そうなる。最上段とコーナー部分は大きな玉石を使い、玉石の長手は控え（石積みの奥）側にする。ただし目立たぬように目地にモルタルを使っている。凝灰岩の石塀は新しく、後補と見られる。

常願寺川（上流は称名川）は立山連峰から流れ出る暴れ川として恐れられてきた。富山地鉄岩峅寺駅付近の常願寺川には、雄山神社参道を示す朱塗りの橋が架かるが、広い川原には安山岩などの玉石がごろごろしている。地元ではその玉石を石積みに活用したのである。現代の石川県金沢市でも修景用の石積みに用いる玉石が不足し、常願寺川の玉石が使われた。

図 63　富山平野の農家の玉石積み（2005）

図 63-2　雄山神社前立社壇の玉石積み（2005）

図 63-3　常願寺川の川原　岩峅寺駅付近（2005）

64 東福寺光明院　波心庭の真黒石（京都府京都市）

東福寺は洛南の九条と十条の間、東の山裾にあり、観光客の訪れは洛北・洛中に比べれば少なかった。東福寺の塔頭（たっちゅう）・光明院の枯山水「波心庭」は 1939（昭和 14）年、真黒石（まぐろいし）（粘板岩）を使った重森三玲の作庭。

瀬田真黒は琵琶湖から南に流れる瀬田川の石である。瀬田川の下流は宇治川。その暗い灰色の石だけで枯山水の石組を構成した。

やや扁平な形で光沢の無い野面石の特徴を活かし、尖った石の林立する庭にした。三尊石組がひとつあるものの、そのほかは石と石がほとんど接していない。石の配置と大きさのバランスで見せる庭である。

白川砂（花崗岩）を敷き、周囲はうねるように地瘤を造り苔張りにして、それで真黒石だけの庭を変化のあるものにしている。白砂と地瘤の苔の境目に白いゴロタ石（花崗岩）を埋め込み、連続性を持たせているのも心憎い。さらにその背後の斜面にはサツキの大刈込を施す。

重森はこのころ日本全国の庭園を実測した前人未到の調査研究の成果、「日本庭園史図鑑（全 24 巻）」（1936（昭和 11）～1939 年刊）を著した。

のちに光明院は、黒澤明監督の映画「影武者」で、城を攻める武田信玄の滞在所という設定でロケ地になり、波心庭の石組が信玄の背景に美しく立派に映っていた。

図 64　東福寺光明院枯山水（1988）

飛騨高山の杉箇谷神明神社　社号標石（岐阜県高山市）

65

飛騨高山（高山市）の杉箇谷神明神社は城山の山裾につつましい境内があり、その石段下、道路脇の狭い平坦地に社号標石が立つ。社号標石は松倉石（濃飛流紋岩）製で柱状の野面石に文字を彫り込んでいる。山裾の樹林と石鳥居・石段など境内の施設とあいまって、社号標石は美しい景を構成している。杉箇谷神明神社前の路上で春の高山祭の獅子舞が奉納される。

初代の神武天皇はいま実在を疑われているが、その即位から 2,600 年とされた 1940（昭和 15）年に、この社号標石が建立され『紀元二千六百年記念』と刻まれている。神明神社の祭神は天照大神、神話で皇室の祖先とされる伊勢神宮の太陽神であり、境内の充実が図られたのであろう。

日本は西洋の近代化を模倣して列強になったが、紀元 2,600 年記念行事は万世一系の天皇を崇拝する国家的祝典であった。1940 年は中国との戦争は比較的平穏な時期である。日本は日独伊三国軍事同盟に調印、アメリカの経済制裁は強化される。

高山では松倉石の社号標石は、太平洋戦争後も各神社に建立され普遍的になった。神社の社号は社殿や鳥居の額にすでに示されており、社号を刻む石柱は必須とは言えず、近代の国家神道の時代からの施設である。

高山で柱状の松倉石は招魂碑（⇒ 39）・忠魂碑にも使われた。

図 65　杉箇谷神明神社の社号標石（2012）

66 山下公園のインド水塔と万成みかげ（横浜市・岡山市）

関東大震災で横浜の街も壊滅的被害を受けた。震災の復興事業で造られた山下公園は 1930（昭和 5）年に開園、横浜港に臨む公園として観光名所になっている。ついでながら 1930 年に日本の鉄道省には国際観光局が設けられた。山下公園の北西部、大さん橋側の入口に近く、インド水塔と呼ばれる美しい東屋の中の水飲み場がある（現在水は出ていない）。

東屋は、イスラム教寺院のモスクの中庭にある泉亭に似る、築地本願寺を思わせるともいわれ、石造アーチ風 4 本柱、鉄筋コンクリート造の躯体に石と擬石を張って仕上げている。東屋の柱にも水塔にも彫刻が施され、水塔には水盤が付いている。

水塔と石張りの石材は万成みかげ（花崗岩）である。この石は明治神宮絵画館の建築などに使われた岡山県産の石材で、磨くと光沢があり、色は明るく薄いサーモンピンクである。天井は色とりどりの大理石のモザイク、床は人造石研ぎ出しのモザイクで、見どころである。

横浜にいた多数のインドの絹業者もまた関東大震災で被災、神戸に逃れたが、横浜の絹業者は市の補助を得てインド人に住宅兼店舗を提供し呼び戻した。1940（昭和 15）年、在日インド人協会からの横浜市民への感謝と同胞の慰霊をこめたインド水塔が竣工した。設計は横浜市建築課の鷲巣昌。

このインド水塔の東屋は屋根を別にすれば、躯体の形態と大きさが皇居外苑の旧門衛所（⇒ 55）とよく似ている。

図 66　山下公園のインド水塔（2016）

図66-2　インド水塔・天井のモザイク（2016）

図66-3　インド水塔（1988）

図66-4　万成みかげの石切場（1988）

67 北海道護国神社境内 神居古潭石の手水鉢（北海道旭川市）

神社境内の御手洗（みたらし）は手や口を清めるため、大きく加工した石の手水鉢が多いが、旭川市の北海道護国神社の御手洗は形が変化に富み大きく艶やかな神居古潭石（かむいこたん）の手水鉢である。御手洗は手水鉢に清水を常に流している。

神居古潭石は旭川市を流れる石狩川の川石で庭石の他、水石・盆石としても鑑賞される。深い緑色が特徴の緑色片岩や黒褐色の石があり、水に磨かれて光沢がある。旭川市神居町神居古潭に石狩川の渓谷があり1億年前の変成岩の露頭が美しく、北海道を南北に分断する神居古潭構造帯の変成岩帯である。カムイコタンとはアイヌ語の神の住む場所に由来する。

旭川市は太平洋戦争敗戦まで陸軍第七師団があり、北海道の軍都であった。第七師団は 1885（明治 18）年の北海道開拓と防衛を兼ねた屯田兵を母体とした。いま旭川市には自衛隊が駐屯し、隣に北海道護国神社がある。

北海道護国神社の創建は 1902（明治 35）年の陸軍による招魂祭にさかのぼる。1935（昭和 10）年に北海道招魂社、1939（昭和 14）年に北海道護国神社となり、北海道・樺太関係の戦没者を祭神とした。背景として 1931（昭和 6）年に満州事変、1937（昭和 12）年には日華事変が起こり、中国大陸で日本は泥沼の戦争に突入、陸軍第七師団は満州に派遣されていた。

1941（昭和 16）年に神居古潭の川底から天然の水掘れの大石が見出され、北海道護国神社の手水鉢とされた。その年 12 月、日本は真珠湾攻撃。

小説「氷点」で知られる旭川市の作家・三浦綾子は、戦時中の 1939 年に女学校を卒業し 17 歳で地元の小学校の教師になった。

綾子の自伝的小説「石ころのうた」から引用する。鉱夫にどんな目的で生徒を教えているのか聞かれ、『「もちろん天皇の立派な赤子（せきし）に育てるために教えています」とわたしは答えた。』1942（昭和 17）年 4 月、『入学式にも軍国主義は反映し、国防色と呼ばれたカーキ色の真新しい折れ襟の服を着た男の子たちの姿が目立った。』翌年、同僚の若い男性教師が辞職して南方へ発つとき、『わたしは彼に誘われて、護国神社に参拝に行った。』1944（昭和 19）年に戦争は激しくなり、『わたしもまた、小学三年生の男の子たちに、ポスターを指し示しながら語ったものだった。「大きくなったらね、あなたがたも、み国のために死ぬのよ」』敗戦後、1946（昭和 21）年 3 月、『何を教えるべきかを見失った』綾子は教師を退職し、肺を病み療養。

軍国主義と国家神道が結びついた時代に創建された各地の護国神社は日本古来の神社の信仰とは異質なものであるが、戦没者の遺族は祈る。

旭川市の上川神社には黒褐色の神居古潭石の手水鉢が 1955（昭和 30）年に設けられた。

図 67　北海道護国神社　神居古潭石の手水鉢（1989）

図 67-2　上川神社　神居古潭石の手水鉢（1989）

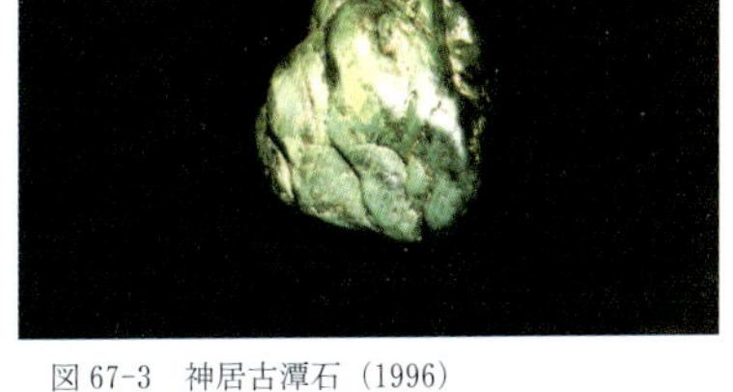

図 67-3　神居古潭石（1996）

小石川後楽園　戦火を浴びた石段（東京都文京区）

小石川後楽園に内庭と呼ばれる区域があり、境界の唐門が今は無く、唐門跡に石段がある。唐門が太平洋戦争の空襲で焼失したことは園内に掲示されている。1945（昭和 20）年に東京に幾度も大空襲があった。

石段は御影石（花崗岩）で造られているが、段の石の角が取れて丸みを帯びている。御影石はサーモンピンクを帯びた美しい色をしているものだが、一部変色するなど劣化している。石の角が取れて変色したのは、唐門が戦火で燃えたとき石段も火を浴びたためである。

花崗岩は石英・雲母・長石の 3 種の造岩鉱物からなり、それぞれの結晶が大きいので、表面がごま塩状に見える。3 種類の鉱物の熱膨張率が異なるので火を浴びて高温になるとぼろぼろになってしまう。この石段は文化財庭園にあって戦災を目の当たりに伝える貴重な遺構である。

隣接する安山岩の石段は原形を留めている。

小石川後楽園は水戸徳川家の庭園であった。現在東京ドームやビルが林立する周囲の土地も徳川家の屋敷地跡で、庭園だけ残されている。明治政府は水戸徳川家跡地を砲兵本廠（廠は工場）にし、小石川後楽園はその中にあった。関東大震災後、砲兵本廠は移転して敷地は売却され、1937（昭和 12）年に競輪場とプロ野球の後楽園球場ができていた。

図 68　小石川後楽園　唐門跡石段（2016）

三施設の石積み門柱の几帳面（世田谷区・千代田区・横浜市）

東京農業大学（世田谷キャンパス）正門の門柱はどっしり、国会議事堂の門柱は軽快と印象は違うが、柱のコーナーの凹凸の作り方が似ている。それら門柱の水平断面図を作図するなら、まずは大きく長方形を描き、四つのコーナーをいちど直角に凹、凹の半ばでもう一度直角に凸にして、四方に頂点が五つずつの二十角形になる。柱や梁のコーナーの形は丸味付けなど、木工を中心に種々工夫され、総称して面取り（めんと）りというが、東京農大と国会の石積み門柱は「几帳面（きちょうめん）」と呼ばれる面取りの大型のものである。

東京農大は、渋谷常磐松にあった校舎が太平洋戦争の空襲で焼失した。世田谷用賀にあった東京農大農場と世田谷通りを挟んでお向かいの、陸軍機甲整備学校は校舎の木造建築が残ったが、1945（昭和20）年に敗戦、日本は武装解除、軍というものは無くなった。旧陸軍の学校は当然、国の施設であった。1946（昭和21）年に東京農大は世田谷の旧陸軍機甲整備学校跡地に引っ越し、その一対の石造門柱を大学正門として大切にしてきた。

国会議事堂は1936（昭和11）年に竣工していたが、国会前庭部分の敷地に1964（昭和39）年の東京オリンピック直前、新たに街路が通り、外構と前庭（⇒76）を造りなおし、現在の国会門柱はその時にできた。

図69　東京農業大学の門柱（2010）

図69-2　国会議事堂の門柱（2016）

二つの施設の門柱は石材と積み方が異なる。東京農大の門柱は、白い石は花崗岩、茶色の石は砂岩で、小ぶりでいろいろなサイズの直方体の切石を縦横に変化に富む積み方にし、モルタルを使い二十角柱にしている。石の表面は粗いノミ切り仕上げ。柱の芯は鉄筋コンクリート柱か。

国会議事堂の門柱は全体が明色の花崗岩で、5 段積みの石柱に見えるが、各段に大ぶりで板状の直方体の切石 4 個と小ぶりで柱状の直方体の切石 4 個を、モルタルを使って積み、二十角柱にしている。石の表面はノミ切り仕上げ。柱の芯は鉄筋コンクリート柱か。

前述二つの施設の門柱よりも先輩格は 1930（昭和 5）年開園の臨海公園・山下公園（⇒ 66）の石積み門柱。陸側のイチョウ並木の街路からの入口の門柱は背が低く、安山岩製で地味な存在だが、コーナーに凹凸がある。その水平断面図を作図するなら、まずは大きく長方形を描き、四つのコーナーのうち、短辺で隣り合う二つを几帳面になるよう頂点が五つずつ、反対側の短辺で隣り合う二つのコーナーは、直角に凹にして「しゃくり面」という面取りの大形になるよう頂点が三つずつ、という十六角形になる。水平断面が十六角形の切石を 4 段積んでいる。石の表面はこぶ出し仕上げ。

いま山下公園は横浜市が管理する都市公園であるが、当初の計画・設計・造成は帝都復興院・復興局であり、国の造った施設であった。

図 69-3　山下公園の石積み門柱（2016）

三宅坂小公園　石積みと石段（東京都千代田区）

70

皇居のお濠を隔てた西側、最高裁判所の南側、交差点に面して「平和女人像」と呼ばれる裸婦像がある。それは街路から石段を上がり、石積み擁壁に囲まれた小さな広場の石造の台座の上に立ち、周囲にはベンチも数基置かれている。三宅坂小公園という千代田区所管の公園である。

1950（昭和 25）年、『平和産業に貢献』する「広告」を記念する裸婦像が、大手広告会社により寄贈され開園した。開園当時、日本は占領下であり、周囲に進駐軍（占領軍）の住宅などがあった。

明治から太平洋戦争までは、三宅坂には陸軍参謀本部があった。戦前まで屋外の公共の場には軍人の彫像が多かったが、平和女人像は戦争の悪夢を拭い去るためか、とも評された。

今風にいえばポケットパークであるが、ほぼ左右対称で、ヨーロッパの広場のデザインを踏襲している。石積みも石段も明るい色の稲田みかげ（花崗岩）の切石で統一し、粗いノミ切りから磨き仕上げまで、さまざまな表面仕上げを使い分けて変化を付けている。石段の踏面の板石は平坦に加工され，蹴上（けあげ）にややせり出しており、それが南東向きの石段に陰影を作る。

現状は石段部分の色が暗く見えるが、そこだけ石の表面の汚れを洗浄していないためである。

図 70　三宅坂小公園　石積みと石段（2016）

71 須崎歩道　海の石切場跡と海蝕（静岡県下田市）

富士箱根国立公園に伊豆地域が編入され1955（昭和30）年に富士箱根伊豆国立公園になった。

伊豆半島の南端、下田市須崎の東海岸の「須崎歩道」は国立公園地域であるが、須崎海岸から爪木崎に至る歩道の途中、「細間の段」と呼ばれるあたりの海岸は太平洋の波が打ち寄せる薄茶色・灰色の凝灰岩の岩場である。そこは2kmにわたる古い石切場（石丁場）の跡である（⇒裏見返し）。

直方体に石を切り出した跡が、海面に近く、いくつも隣り合い、重なり合うようにくっきりと残り、しかし波に洗われて風化しつつある。近くに見える石だけの小島も、不自然に平坦な形になっているのは、石を切り出した跡だからである。石材を切り出して船で運び出した、いわば産業遺産といえる。波しぶきを浴びて石を切り、運び出す作業をした石工たちの姿が目に浮かんでくるようである。下田の凝灰岩は伊豆石の中でも軟石とされ、太田道灌の江戸城築城から、この石の切り出しが始まったという。

宇佐美や伊東の石は伊豆石でも堅石とされ、安山岩である。軟石、堅石といってもむろん相対比較であり、両者とも石積み（⇒23, 36, 40）にも、工芸的な加工をする石灯籠などにも使われてきた。

細間の段は石を採り人為により改変された岩場が、自然公園の一部に指定され保護されたのである。岩場を近くで見れば、直方体に石を切り出した跡が明瞭だが、それがやや丸みを帯び、表面に海蝕による丸いくぼみが連続的にある。海の風波の力の大きさが実感される。海蝕台や海食崖から石を切り出していた時代には、切り出した石の表面には海蝕が明瞭であったろう。

自然を保護しつつ利用するのが自然公園の基本的な考え方で、雄大な岩場や岩壁のある自然公園は数多いが、本書は石を材として採った産地跡として細間の段を採り上げた。須崎は1971（昭和46）年から御用邸があり、爪木崎はスイセンの群落で知られる。

図 71 「細間の段」 海の石切場跡 爪木崎遠望（2016）

図 71-2 石切場跡の石に海蝕（2016）

72　須崎歩道の砕石舗装（静岡県下田市）

自然公園の歩道の路面はどうあるべきか。山中でも土のままでは歩きにくいことがある。といって都市公園のように工業製品を多用した舗装では自然公園らしさが損なわれよう。

伊豆半島の南端、太平洋に臨む須崎歩道は岩場の海岸部では石張り舗装も用いているが、起伏のある常緑の海岸林のトンネルを通る距離の長い部分では、粗粒の砕石を敷いて舗装している。散歩用の靴を履いていれば、砕石は締め固められ歩道は平坦で歩きやすい。

今日、市街地はアスファルト舗装が普及し、通勤の革靴でまれに砕石舗装に出会うと歩きにくく感じる。著者はかつて東京都世田谷区の住民に、近所の土の道が工事でアスファルト舗装になる、土の道のまま残したい、と相談を受けたが、その道は砕石や砂利で舗装された形跡があり、土だけ固めた道ではなかった。砕石舗装は非都市的に感じられているのである。

2 月に須崎歩道の海岸林を歩くとヤブツバキの紅い花が数多く路面に散り、白っぽい砕石舗装に映えていた。散椿を美しく見せるとは、砕石舗装もよいものである。著者は歩いて「元禄港唄　千年の恋の森」（秋元松代作・蜷川幸雄演出）の舞台の、天井と両袖を紅い花の咲く椿の森が覆う装置と、幕切れまで断続的に花が降る演出を思い出した。

図 72　須崎歩道の砕石舗装（2016）

鳥ヶ淵戦没者墓苑の敷石（東京都千代田区）

73

皇居の西の千鳥ヶ淵戦没者墓苑は、太平洋戦争戦没者の身元不明または引き取り手の無い遺骨を安置する環境省所管の墓地公園で、特定の宗教・宗派に属さない。1959（昭和 34）年開園、遺骨は現在 36 万柱という。

六角堂の納骨堂は鉄筋コンクリート造で開放的ながら三方向に格子を設け、建築家・谷口吉郎の設計。アプローチから門を経て六角堂に至る敷石は、根府川石による干割れたようにも見える石張りで、色調は地味な茶褐色である。根府川石（安山岩）は板状節理があり、小田原市根府川の石切場では大小さまざまなサイズの石が採れるが、ここでは飛石用の石より小さく統一されている。目地が繊細で美しいのは施工が丁寧だからである。根府川石は厚みが不均一で、表面は完全に平坦ではなく、石張りにさざ波のような不陸ができるが、それも風合いである。

樹影濃く静謐な庭園は、日本の国立公園の父といわれる田村剛の設計。

1959 年に皇太子の結婚式があり、日本経済は岩戸景気といわれ、国連の経済社会理事国となった。戦没者は 240 万人、遺骨収集は継続される。

幾万の若い男子が戦死し、独身で戦後を生きねばならなった若い女子があまた存在した。旧子爵家の娘、富小路禎子の 1970（昭和 45）年の歌。

〈未婚の吾の夫（つま）のにあらずや海に向き白き墓碑ありて薄日あたれる〉

図 73　千鳥ヶ淵戦没者墓苑の敷石（1986）

74 大徳寺龍源院　東滴壺の石組（京都府京都市）

大徳寺龍源院には室町時代の枯山水がある（⇒ 7）。その寺に坪庭を昭和になってから造った。作庭する場所の条件は決して良くない。方丈の東側、庫裏の建物との隙間、廊下の脇にある狭く細長い敷地で、あまり日も射さない。しかも枯山水のある古刹のイメージを損なわずに新たに作庭しなくてはならない。敷地には白川砂（花崗岩）を厚く敷いた。

細長い敷地の両端にそれぞれ二石を組み、片方の二石組はより背が高い。背が高い石とは言っても廊下から見おろす高さでしかない。

わずか 5 石の石組である。敷地両端の二石組の間に小さな一石を伏せるように配した。小さく欠けたような石が、船の形にも見える。この小さな石の船が背の高い二石組の島に向かっているようにも見える構成である。

背の高い二石組は青石（緑色片岩）で、ひび割れたような端部や線が目立つ石である。もし庭石単品としての評価なら、決してよい石とは言われない。方丈側にやや傾斜させて石を立てた。

敷地の端、背の高い二石組の手前から石の船を見下ろすと、緊張感のある大きな景色が見えてくる。1960（昭和 35）年、鍋島岳生の作庭。

この庭は写真家の逆光を活かした撮影により広く知られる。著者は石を明示するため、フラッシュを使い撮影した。

図 74　大徳寺龍源院　東滴壺〈flash〉（1988）

大徳寺瑞宝院庭園　石組の十字架（京都府京都市）

75

大徳寺瑞宝院は戦国武将・大友宗麟の菩提寺である。宗麟は九州・豊後の大名で禅宗に帰依していたが、フランシスコ・ザビエルを謁見し、領内にキリスト教の布教を許し自身も洗礼を受けた。一時は九州に大きな勢力を持っていた。

「十字架の庭」は重森三玲が瑞宝院で1961（昭和36）年に作庭した枯山水の一つである。枯山水や茶庭の名作が数々ある大徳寺の山内である。仏教寺院の庭に密やかに十字架を造り出した大胆不敵な庭であるが、十字架の石組を片寄せて余白を多くし、静かな心惹かれる佇まいである。

万人の霊を弔っている、と瑞宝院は説明している。

十字架を表すのに、直行する二方向に小ぶりな青石（緑色片岩）を低く組んでいる。庭石を直線的に並べるのは、一般的には、タブーに近い。それを石の高低と配置のバランスでクリアしている。敷地の段差も配石に巧みに活かしている。白川砂（花崗岩）を敷いた地に十字架を表すのを控えめにして、幾何学的な形はうっすらとしている。いっぽう、青石の美しさが際立ち、ゆえに十字架も美しい。十字架の柱の頂点に相当する細い立石は神々しいほどである。小ぶりな野面石を低く抑えて組んだ枯山水の古典はいくつかあるが、その伝統技法を踏まえた斬新な作庭である。

図75　大徳寺瑞宝院　十字架の庭（1988）

76 国会前庭・和式庭園の滝石組（東京都千代田区）

国会前庭（ぜんてい）は国会議事堂正面から東へ突き出した三角形をしており、北側の三角形と広い街路を隔てた南側の三角形の二つの地区からなり、衆議院の管理である。北側は洋式庭園で憲政記念館や日本水準原点があり、南側には和式庭園が造られている。北側の敷地に戦前は参謀本部陸地測量部があった。国会前庭は公式に洋式庭園、和式庭園（かつては霞ヶ関公園）と称し、公開されているがいつも静かである。

国会議事堂は 1936（昭和 11）年の建築であったが、1964（昭和 39）年の東京オリンピック直前、前庭の敷地に新たに街路が建設され、議事堂の外構（⇒ 69）と前庭も改造された。オリンピックを境に東京は激変した。

国会前庭・和式庭園はゆるやかな傾斜地に流れと池があり、公共造園にしてはよい庭石が多く使われている。設計は小形研三。その敷地にあった古い庭石を使うのが設計条件であったという。1962（昭和 37）年竣工。

上部の小池に流れ込む滝がある。滝は池畔から見るよう構成されているが、滝口に至る石畳もつくられている。滝は 4 段の緩傾斜で小池へ末広がりに造られ、滝の奥に向かって穏やかに組まれているのは黒ずんだ色の花崗岩である。黒ずんだ花崗岩の野面石は、末広がりの滝の遠近法とあいまって、滝の奥を暗く見せて、印象深いものにしている。

この滝が小池に流れ込む岸にくすんだ色の青石（緑色片岩）を配している。滝に向かって左側の青石は大きく凹凸があり、海蝕が鮮やかでカモメ貝の甌穴がいくつもある海石である。

真水の池に海を象徴的に表すため、池畔に海石を配する技法は伝統的にあったが、小石川後楽園では流れが泉水に注ぐ河口の表現に海蝕のある庭石を配していた（⇒ 25）。国会前庭の真水を表現する滝に、海蝕のある青石を使ったのは水のイメージの強調を期待したのであろう。

図76　国会前庭・和式庭園の滝石組　左に大きな青石（2016）

図76-2　国会前庭・和式庭園　青石のカモメ貝の甌穴（2016）

77 国会前庭・和式庭園　流れの中州（東京都千代田区）

国会前庭・和式庭園が紹介されるとき、流れの中州の映っている写真がよく使われる。自然の川に中州があるのは珍しくないが、さして広くもない庭園の流れに中州を造り出すことに成功している。平面が紡錘形に近い中州が複数、雑木林の下の流れに浮かぶかのように見える。

この中州は自然観察にもとづく優れた縮景の技法によるが、中州を恒常的な施設にしているのはコンクリートである。流れの底を浅く緩傾斜にしてコンクリートの豆砂利洗い出し仕上げにし、中州はコンクリートで低いナイフエッジを立ち上げ内側に土を入れて植物が育つ。この中州は庭園の流れにコンクリートを導入した技術革新のたまものである。

平面が大きな紡錘形に近い中州の所々に小ぶりの安山岩の野面石（のづらいし）が配されている。中州の上流側の先端部、中州の両側へ水を分けるポイントに石が伏せるように据えられている。それも安山岩で、野面は海蝕が鮮やかな海石である。

流れは当然真水を表現するが、その中州に海の石を使ったのは、水のイメージの強調を期待したためであろう（⇒ 25）。流れの水は園内の大池に至る。随所に設計者の小形研三らしさが光るが、施工は池躯体を建設会社、石組・植栽を造園会社、造園会社に一括発注されず分離発注であった。

図 77　国会前庭・和式庭園　流れの中州の石（2016）

図 77-2　国会前庭・和式庭園　流れの中州（2016）

78 国会前庭・和式庭園 六方石を使った階段（千代田区・伊豆市）

六方石（玄武岩）の産地は柱状節理があり、人力を加えると細い棒状に割り採れる。棒状の石材の断面は五角形ないし六角形だが、辺の長さは不揃いである。棒状に割り取れる六方石は造園では重宝に使われてきた。

六方石の表面は薄茶色をしており、それも造園的な魅力である。

国会前庭・和式庭園の園路では、階段の蹴上の部分に六方石を横に寝かせて使っている。六方石は整然とした形をしているが、人工物ではないから、形にややゆがみがあり、だからこそ庭園によくなじむのであろう。

六方石の産地の景はどこもなかなかダイナミックであるが、一例として伊豆市湯ヶ島の、玄武岩溶岩流によってできた「浄蓮の滝」を示す。国立公園内であり石切場ではない。庭園における六方石を使った施設は、なぜか静かな印象のものしか著者は知らない。

東京では伊豆方面の六方石が使われてきたが、輸入された大型の六方石の利用も各地で増えている。

図 78　六方石を使った階段（2016）

図 78-2　湯ヶ島「浄蓮の滝」の六方石の産状（1984）

飛騨高山　宮川畔の住宅の石段（岐阜県高山市）

79

高山盆地の飛騨高山（高山市）には、そこを南から北に流れる宮川と、南東から東山の裾を流れて宮川に合流する江名子川がある。太平洋戦争の空襲による被災がわずかだった飛騨高山は、戦災と戦後の高度経済成長により日本でも希少になった古い町並みが残り、1962（昭和 37）年に NHK テレビで紹介され、市民が町並みの保存や河川の清掃・美化に努力するようになった。

宮川の布積み・谷積みの混在する石積み護岸に接して、住宅が裏手を川に向けるように並ぶ。そのうち三軒がそれぞれ護岸を縦に凹ませるかのように、川面に達する石段を持ち、住まいから川に降りられる。住宅・護岸・石段・川の取り合わせが魅力的であるが、かつては川の水で日常の洗い物をするなど実用の石段であった。石段は立体的な裏庭の施設と見ることもできる。私的な石段と公的な河川の護岸の境目が曖昧なのが面白い。

1964（昭和 39）年に子供たちがこの石段下の川で稚魚の放流式を行った写真が残っている。いま石段は草が伸び、使われていないかも知れない。

宮川の石積み護岸は大正時代にはほぼ現在の姿になっていた。川に面した民家が水辺に降りる階段を持つ例は高山に限らず各地にあった。

図 79　宮川畔の住宅の石段（2003）

80 境川団地　公園の遊具「石の山」（東京都町田市）

町田市にある境川団地のバス停前の公園に「石の山」と呼ばれる遊具がある。半球状の「石の山」はコンクリート造である。子供が登り、穴をくぐり、壁にかくれ、さまざまに遊びを工夫できる。登るところなど部分的に玉石を帯状に、目地を開けて埋め込んでいる。玉石のサイズ、でっぱり、目地幅は子供の手や足がかかりやすくしてある。自然のテクスチャーを持つ玉石はコンクリートの無味乾燥を救っているともいえよう。

「石の山」は造園家・池原謙一郎らが1959（昭和34）年に東京の入谷町南公園にオリジナルを造り、それに影響された遊具が各地の公園や校庭などに普及した。子供の遊び場は当時の造園界の最優先課題でもあった。

首都圏への転入超過は1955～1970年には毎年30万～40万人に上った。町田市は1964（昭和39）年の東京オリンピック前には衛星都市といわれ工場も誘致されたが、その後いくつもの大規模な住宅団地が建設され、小田急線や横浜線で通勤する勤め人のベッドタウンとして発展した。

境川団地は東京都住宅供給公社（JKK東京）が1968～1969（昭和43～44）年に建設した鉄筋コンクリート造5階建ての住宅団地である。町田の市街地はのちに団地からその先へ広がり、市内の団地住民は高齢化が進んでいる。

図80　境川団地の公園の「石の山」（2017）

倉敷美観地区　倉敷川の石積み護岸（岡山県倉敷市）

81

倉敷市の美観地区は倉敷川沿いの白壁の蔵造の街並みが美しい。倉敷市の条例により、1969（昭和 44）年に美観地区に指定され、観光名所になった。1979（昭和 54）年には重要伝統的建造物群保存地区に指定。

倉敷川には河畔にシダレヤナギの並木がある。川沿いの街路から一段低い植樹帯が設けられ、そこに並木が植栽されている。

倉敷川は、白壁の街並みの奥にある倉敷紡績の工場が 1889（明治 22）年に竣工、工場が稼働していた時代には実用の運河で、輸送を担う小船が行き来し、並木など無かった。倉敷紡績の本社機能は大阪に移り、先端の工場は広い用地を求めて各地に新設された。創業の紡績工場は、レンガ造り・鋸屋根の建物はそのまま保存、1973（昭和 48）年に倉敷アイビースクエアという観光施設に再生された。

倉敷川は在来の石積み護岸から川の内側に、一段低い石積み護岸が設けられて植樹帯になり、シダレヤナギが植栽された。花崗岩の切石の布積みの護岸である。古い町並みを保存・整備する工事にはどんな素材を使えば調和するか、よく検討しなくてはならないが、古典的な石材は適材である。

倉敷川の幅を狭めて緑化したことになるが、その後の各地の河川の修景や緑化も川幅を狭めて行われている例が多い。

図 81　倉敷川の石積み護岸（2001）

飛騨民俗村 飛騨の里　池畔の石積み（岐阜県高山市）

「飛騨民俗村　飛騨の里」という名の高山市内の野外博物館施設で、1971（昭和 46）年の開設である。飛騨地方の失われようとしていた民家を一か所に移築して保存・展示した。重文だけでも 4 棟ある。当時はまだ古い民家を保存することの意義が社会的に十分認識されていたわけではなく、画期的な事業であった。

飛騨地方の民家だけではなく、車田のような農耕の信仰にかかわる田圃、ハサ木、生活用具など、農山村の暮らしの資料を総合的に保存・展示し、わら細工など生産活動を実演するなど、観光施設として成功した。高山駅の南西、松倉山の山麓、上岡本の傾斜地の多い敷地に、農山村の景観もコンパクトに再現し、その美しさを知らしめた意義は大きい。

かつての農業用ため池を園池（五阿弥池）にして、池の傍に合掌造りの民家・わらび粉小屋・唐臼小屋を配し、池畔には石積み護岸を設けた。

石積みは松倉石（濃飛流紋岩）の野面石を用い、やや丸みを帯びた茶褐色の石材である。石積みの外観は素朴で穏やかさを感じさせるもので、造園的に配慮されている。松倉石は戦国時代の城石垣に使われて松倉山の頂に残っている。濃飛流紋岩は柱状・板状の節理があり、野面石も石積みに使いやすい形状が多い。

昔は建設資材といえば、土と石と草木の植物系素材およびわずかな鉄材であった。「飛騨の里」はそのこともあざやかに思い起こさせる。

飛騨の里からは飛騨山脈（北アルプス）などの眺望もよい。「無限抱擁」で知られる高山出身の作家・瀧井孝作の随筆「珍至梅」に、上岡本再訪の記述がある。『日本アルプスの見晴しのきく西山の此所を・・・私は岳山のけしきも思って此所にきたが、雲が深く遠山はかくれ、岡本の田圃を隔てた、高山の町と、城山、錦山、東山、北山などが、紫紺色に霞んで、夕暮れになるけしきが、しづかにおだやかに、空気が甘いやうで、ふるさとの高山は、むかしとかはらぬ〝武陵桃源〟の感じもした。』

白川郷が世界遺産に指定され、飛騨高山経由でアクセスが容易になり、「飛騨の里」の存在意義は増し外国人観光客も多く訪れている。

図 82　飛騨の里　池畔の石積み（2003）高山市使用許可

図 82-2　飛騨の里　池畔の石積み（2003）高山市使用許可

83 東京駅丸の内口　1973年設計の駅前広場（東京都千代田区）

東京駅の建物は辰野金吾らが設計して1914（大正3）年竣工、鉄筋コンクリート構造ながら、外観は煉瓦と花崗岩の切石を積んで構成され、南北のドーム屋根も近年復元され、ほぼ左右対称の泰然とした姿である。

東京駅丸の内口駅前は時代と共に姿を変え、JRが国鉄だった1973（昭和48）年に塩田敏志が基本設計した広場は、永く親しまれたがすでに無い。東京駅から皇居方向には公共地下道が伸び、駅前広場は人工地盤上であり、広場に巨大な換気塔が2本立ち上がっている。駅前は車道と歩道・横断歩道を確保する必要があり、歩行者数は多い。1973年設計の駅前広場は植栽を重視しつつ、大小のアイランドの形や園路に曲線を活かしたデザインで、駅舎と共通する煉瓦と切石を用いていた。広場は煉瓦舗装と花崗岩の切石の舗石で、レリーフのように段差を設け、蹴上に花崗岩の切石を用いた。（当時まだバリアフリーの概念は無い。）曲線を活かした池があり、花崗岩のオリジナルのベンチがあった。著者が撮影した1994年頃、広場は常に何かの工事中で全景は見えなかった。塩田敏志博士は東京大学農学部の造園学研究室、森林風致計画学研究室（講座）を担当し景観を中心に研究、後に東京農業大学で大学院造園学専攻の創設に尽力した。

丸の内口駅前広場は2020年の東京五輪に向け大改造が計画されている。

図83　丸の内口駅前広場（1994）

図83-2　丸の内口駅前広場（1994）

横浜若葉台団地　下面をカットした野面石と流れ（神奈川県横浜市）

84

横浜若葉台団地の中央、浅い谷戸地形を活かした「わかばの広場」に子供が水遊びをできる流れと池が造られた。日本庭園の流れの景を石で造りだす技術の応用である。遊び場であるから、流れの水深はごく浅く、石は大小にかかわらずあまり角張っていない。大きな野面石はあらかじめ下面を平らにカットしてあり、水面と隙間が出来ているが、コンクリート造の流れに据える都合上、コンクリート躯体の施工後、いわばその上に置いたのである。浅い流れの底から短い金属のピアで支えられた石もある。野面石も石材加工機械で容易にカットして使えるが、現代造園施工の効率化とも限界とも言える。流れの底の表面には玉石を張っている。

住宅団地は室内の間取りだけでなく、屋外の環境もセールスポイントであり、広い公園や広場が配置されている。

横浜市は人口が東京都23区に次ぐ都市である。横浜といえば港のイメージが強いが、横浜若葉台団地のある旭区は内陸の丘陵地にある。この団地は中層・高層の75棟、分譲・賃貸の6,300戸を、神奈川県住宅供給公社が開発し、1979（昭和54）年分譲開始。同年、JR横浜線に十日市場駅が開業している。希望者が多く、入居は抽選で決められていた。現在の住民は高齢者から子供まで年齢の幅は広い。

図84　わかばの広場　下面をカットした野面石と流れ（1987）

85 東池袋中央公園　カスケードの石（東京都豊島区）

超高層ビル「サンシャイン 60」の北側に、豊島区立・東池袋中央公園がある。「サンシャインシティ」に隣接する公園は 1979（昭和 54）年の開園。ラクウショウの 4 列並木と広場があり、その奥にカスケード（水階段）がある。カスケードの平面形は中央が広場方向にせり出し、各段はイレギュラーな線を描く。カスケードは暗い色調の石段で、その両袖と背後に明るい色調の石積みがある。石積みの上を落葉広葉樹の植栽が覆う。

カスケードの各段はコンクリート造の浅い池で、その前面を構成する石材は黒色の変成岩の切石であり、水が溢れて流れる天端は平坦にカットされているが、広場に向いて水が流れ落ちる前面は水蝕で凹凸に富んでいる。水辺から切り出した石の野面を活かしつつブロック状にしたようである。変成岩は層理、つまり薄板が重なったような線に一定の向きがあるが、石のブロックごとに層理の線の向きを変え、前面の凹凸と共に激しさを感じさせる。石の水蝕によって水のイメージの強調を図ったのであろう。水は階段状になめらかに流れるが、各段の水幕は黒色の石によって変化に富む表情を見せる。

カスケードの下流は粘板岩の板石の石張りで、表面の割れた肌にかすかな起伏があり、それで小波が立つ。横一直線に水が落ちる部分は丸み付けした磨き仕上げの黒い花崗岩である。

カスケードの両袖と背後の明るい色調の石積みの野面石は流紋岩で、節理による縦横の線の目立つ形状を活かして積み、水平線と鉛直線の利いた石積みである。

この公園はサンシャイン 60 の上階から見下ろされるのを前提に、平面プランも図案的な面白さがある。現在は公園の管理上の問題からか、水を流していないこともあるが、カスケードの石段と背後の石積みは水無しでも鑑賞に堪える出来栄えである。

公園は荒木芳邦の設計。荒木は太平洋戦争中に造園を学び、応召。戦後造園の創作活動に入り、海外でも作庭した。武田純氏のご教示によれば、荒木は水蝕のある石を台湾から輸入し造園作品に使った。著者は石の凹凸は海蝕によるものかと思うが、台湾の産地を未見なので水蝕としておく。

サンシャインシティと公園は再開発事業の成果であり、その敷地は太平洋戦争後、極東国際軍事裁判により戦争犯罪に問われた者を多数収容し、死刑を執行した巣鴨プリズンの跡地である。いまサンシャインシティには外国人観光客も多い。

図 85　東池袋中央公園　カスケード（1986）

図 85-2　カスケードと石積み　水を流していない（2016）

86 川崎市民プラザ　日本庭園の滝石組（神奈川県川崎市）

崎市と言えば臨海工業地帯のイメージが強いが、内陸の丘陵地帯まで広い市域がある。政令指定都市に移行した記念に、1979（昭和 54）年に川崎市民プラザが開設され、広い敷地内に樹林と日本庭園がある。

日本庭園は谷戸地形を活かして作庭され、長さ 60 m、高低差 8 m におよぶ滝・流れ・池がある。その流れの躯体は鉄筋コンクリート造（⇒ 77）である。庭園設計は小形研三。

庭石には長野県天狗山産の石が使われたと記録される。登山者に知られる天狗山であろうか。亀甲石を流れの小さな滝の脇に用い、景色に活かしている。花崗岩の表面に亀の甲羅のような模様の現れた石は、特に亀甲石と呼ばれ庭石として尊重される。亀甲模様は花崗岩の節理に由来する。

川崎市民プラザの樹林と日本庭園には、市内の園児や学童たちが遠足に訪れ、池の畔に遊びまわる歓声が響く。

小形は飯田十基の門下で日本庭園を造り、東京市公園課に勤務し太平洋戦争に応召、戦後住宅庭園と公共造園に活躍し、海外でも作庭した。

図 86　川崎市民プラザ　日本庭園の滝石組（1991）

金沢市庁舎前庭　池畔の亀甲積み（石川県金沢市）

87

金沢市は加賀百万石の城下町の時代から戦災を受けたことが無く、中心市街地にも古い町屋が残っている。金沢市役所の庁舎は地上 7 階、前庭には整形的な広場と池があり、1981（昭和 56）年に竣工した。

池畔の石積みは、花崗岩を小さく亀甲型、つまり積んだ時に六角形に見えるように加工した石材を積んでいる。

金沢に花崗岩は産出しないので、市内の古い石積みに花崗岩は使われていない。金沢市内の古い亀甲積みは、戸室石（安山岩）の大ぶりの石材を用いていた。

亀甲積みを小さな花崗岩の石材にアレンジしたものが、金沢市庁舎の前庭の石積みであり、庁舎のファサードが金沢の町屋の千本格子をアレンジしたような細かい縦の線を見せるのとあいまって、金沢らしさを演出する努力を見せている。

図 87　金沢市庁舎　池畔の亀甲石積み（2004）

国立国会図書館　外構の石積み（東京都千代田区）

国立国会図書館（東京本館）は敷地の四周に石積みを設け、安山岩の切石の布積みで、石材の高さは一定だが幅は不揃い（乱尺）、こぶ出し仕上げである。幅の不揃い、こぶ出しのおかげで石積みの印象は硬くなり過ぎていない。図書館は皇居のお濠の近くにあり、お濠の石垣は安山岩である。

国会図書館は国会議事堂の北側、三宅坂の最高裁判所との間に立地し、もとは傾斜地だった敷地に建てられた巨大な図書館は、南の議事堂側を三段に切土造成している。三段の切土には石積みを設け、高木を植栽した。

国会図書館は一時期、現在の迎賓館赤坂離宮の建物を利用していたが、現在の本館の建物が 1961（昭和 36）年に 1 期工事終了、図書を収蔵開始、1968（昭和 43）年に竣工した。増え続ける蔵書に対応した新館の建物は 1986（昭和 61）年に竣工。設計は本館・新館とも前川國男。

前庭は広くケヤキの緑陰があるとはいえ、四周と同様の直線的な石積みを用いているため雰囲気は硬い。国会図書館の格式ならしかたないか。

前庭には安山岩のベンチに座るブロンズ彫刻（津田裕子（1984 年））があり、割肌の安山岩のベンチは座面を磨き仕上げにしている。

国会図書館は誰でも無料で利用できる。

図 88　国立国会図書館の石積みとベンチ（2013）

パティオ十番の広場と小舗石（東京都港区）

港区麻布は由緒あるおしゃれな街だが、麻布十番の急傾斜の幅員の広い街路の中央に広場が設けられ、ケヤキが植栽された。広場は 1986（昭和 61）年に完成、パティオ十番と名付けられた。公園ではなく港区所管の街路の一部である。地下鉄大江戸線・麻布十番駅開業当時の事業であった。

傾斜地に造成された広場の平面はほぼ紡錘形で、三段に分けて平坦地を確保した。階段を魅力的に活かしている。広場の平坦地の舗装は当時まだ珍しかった赤茶色のアルゼンチン斑岩の小舗石を用い、うろこ模様に敷き詰めた。広場の両側の車道は灰色の小舗石舗装である。

小舗石は立方体あるいは直方体に粗く加工した小型の石材をいう。日本の小舗石舗装は目地モルタルで固めるが、本場ヨーロッパでは目地モルタルを使わない。地元の石を使うので、ヨーロパの街によって小舗石は色が違う。パティオ十番の赤茶色の小舗石は輸入石材ながら、広場の色を個性的にした。広場の階段は花崗岩のように見える擬石コンクリートのブロックを用い、車止めブロックも同様の材料である。

現在おしゃれな店に囲まれたパティオ十番は、麻布十番商店街の四季折々のイベント会場として定着し、中庭（パティオ）的な景と役割を果たしている。階段は経年劣化で不同沈下が見られる。

図 89　パティオ十番の広場と舗石（1986）

90 国営みちのく杜の湖畔公園 時のひろば・彩のひろば（宮城県川崎町）

国営みちのく杜の湖畔公園は釜房ダム湖畔に、1989（平成元）年に南地区から開園し、現在北地区等を含め 287ha におよぶ。何しろ広い。

南地区に入ると時のひろば・彩のひろば・湖畔のひろばと展開する。

時のひろばは、円形のひろばの周囲が緩やかに高くなり、そこに巨大な野面石を 63 個も使い、渦を巻くように配している。粗面の野面石群は、なかなか原始的なイメージを醸し出しており、流紋岩の特徴の柱状節理が見られる。川崎町には流紋岩と安山岩が産出する。平坦な円形のひろばはれんがタイルと小石でアンモナイトのような渦巻き模様を描き、ガラス玉も効果的に埋め込んでいる。巨大な野面石はともすれば威圧感や重苦しさを感じさせるものだが、参加型のイベントで石に草花・竹・木を使ったアレンジメントを展示するなど、親しみやすく活用されている。公園管理者の努力のたまものであろう。

彩のひろばは、縦長の構図の広大な刺繍花壇でよく知られている。敷地の高低差を活かして、ひろばの中に幾何学的なデザインでいくつもの噴水・滝・池・流れをはめ込んでいるが、護岸や池の周囲のコンクリート擁壁には粒ぞろいの玉石を埋め込んでいる。玉石は水に磨かれたイメージがあり、水景の演出に効果的である。

図 90　みちのく杜の湖畔公園　彩のひろば（手前）・時のひろば（奥）（2004）

図 90-2　みちのく杜の湖畔公園　時のひろば（2004）

図 90-3　みちのく杜の湖畔公園　彩のひろばの滝（2004）

91 大徳寺山内の石畳（京都府京都市）

大徳寺という臨済宗の名刹は築地塀で囲まれた広大な長方形の境内地に本坊のほか、本書で見た大仙院・龍源院・瑞宝院など数々の塔頭（たっちゅう）寺院が存在する。大徳寺の山門・金毛閣に千利休の木像を掲げたという逸話が残るが、本坊はもとより、いずれの塔頭も長い歴史を持ち、国宝・重文・名勝の文化財が多数保存されている。

大徳寺山内のお寺の多くは非公開であるが、道は誰にも通行自由に開かれている。一部の公開されている寺院を拝観するために、禅・庭園・建築・茶の湯・書に関心を持つ参拝者が全国各地から訪れる。山内のお寺を結ぶ道の中央部分は花崗岩の切石、両側に玉石を張った長大な石畳が施されている。石畳の狭い所の両側は豆砂利敷きである。石畳の多くはコンクリートを使い現代になって設けられたが、施工がていねいで昔からあるものに見える。

由緒ある山内の道を舗装するときどのような舗装を選ぶか、景観の管理上重要な問題である。大徳寺は造園の伝統技法である石畳にした。京都は千年の都の生活文化があり、常に批評の目があるからこそ、こうした水準の整備ができる。周囲が市街地化していても、大徳寺の山内は僧侶と市民の矜持に守られ、世界遺産の社寺にも勝る文化財である。

図 91　大徳寺山内の石畳（1991）

おかげ横丁の舗石（三重県伊勢市）

伊勢神宮・内宮(ないくう)の門前町の「おはらい町」は伊勢の木造の古い町並みを再現し、多くの観光客が訪れる。旅行者の交通手段が鉄道からバスなど自動車に代わり、駅から旅行者が歩かなくなった門前町は一時寂れかけたが、地元の和菓子屋が主導して 1993（平成 5）年に「おかげ横丁」が開業、再生の契機になった。後に日本の経済がバブル期といわれた時期である。

五十鈴川沿いの一本道、おはらい町の中ほどに横丁を再開発、古い伊勢のテーマパークのように伊勢周辺の建築を模した木造の店を数多く新築・開店し、舗石（花崗岩）の道と広場にした。広場には植栽や常夜灯も設けた。舗石は機械加工されたものだが、歩き易い平坦な仕上がりになっており、舗石の淡い茶色が古い様式の木造建築の色調にもよく調和している。日本には古くは舗石の道など無かったから、これは擬古的な創作である。

伊勢神宮は江戸時代から全国に知られた観光地であったが、太平洋戦争直後に GHQ 指導下で制定された伊勢志摩国立公園の中に守られた。伊勢神宮の全ての社殿を隣の敷地に遷(うつ)して建て替える式年遷宮が、20 年に一度執行される。1993 年の式年遷宮に向け、おはらい町の各店舗は伊勢の古い木造の再現に努めた。遷宮の行事「お白石持ち」に各地から参加する白い服の人たちもおかげ横丁を訪れて、参拝者たちを門前町に呼び戻した。

図 92　おかげ横丁の舗石（1993）

93 皇居外苑　和田倉噴水公園の舗石（東京都千代田区）

皇居外苑の和田倉濠に隣接し、皇居前庭地区の和風の荘重な雰囲気の中にあって、ここは都心のプラザ的なポピュラーな造りの公園である。和田倉門の暗い色の安山岩の石積みが背後にあるが、明るい色の花崗岩の板石の舗石の広場に水量豊かな噴水と流れがある。舗石は、白・灰・赤の色違いの花崗岩で格子模様が描かれている。舗石の表面はバーナー仕上げでスリップしにくい。周囲には磨き仕上げの白い花崗岩のベンチやスツールもある。休憩所の建物はガラス張りでおしゃれ、若者向きである。

新聞社などが全国から浄財を募り、皇太子（今上天皇）ご成婚記念の噴水が 1961（昭和 36）年にでき開園、朝顔形の水盤の噴水が 3 基ならぶ姿は現在も変わらない。当時の造園設計は田村剛。太平洋戦争後国民統合の象徴としての天皇制になり、皇太子がテニスを通した恋愛により、戦前の皇族・華族以外の家から妃を選び、1959（昭和 34）年の「ご成婚」は国民的ブームになった。皇太子夫妻の馬車パレードがテレビ中継され、テレビは一挙に普及した。天皇制は日本人の間にさり気なく、広く深く、浸透している。

和田倉噴水公園の現状への改修は 1995（平成 7）年に行われたが、そのころ日本のバブル経済は崩壊した。

図 93　和田倉噴水公園の舗石（2016）

山下公園　沈床花壇の縁石（神奈川県横浜市）

94

横浜港に臨む山下公園は2002（平成14）年まで数年かけて改修されたが、震災復興期の臨海公園の当初の設計に忠実で、傷んだところを取り換え、機能性を高める改修であった。ただ沈床花壇は開園当初は無かった施設で、港から公園内にボートが出入りしたボートベイシンという水面を、太平洋戦争後に埋めて造られた。その近くに太平洋航路の客船だった「氷川丸」（1930（昭和5）年建造）が1961（昭和36）年から係留されている。

戦後、山下公園の地先を埋め立てた山下埠頭によって海面と隔てられた公園部分は、すでに駐車場のビルを階下に入れた人工地盤の上に、カスケードのある立体的な空間に改造されていた。そのカスケードと沈床花壇の軸線をそろえるなど丁寧な改修がなされた。

花壇の新しい縁石は花崗岩で作られ、側面はこぶ出し仕上げ、天端はバーナー仕上げ（⇒59）、縁の線を狭く直角に凹にした「しゃくり面」（⇒69）は切り放し仕上げ。石の表面仕上げのちがいにより、見えかがりの変化に富む縁石である。こうした縁石はコンクリートではできず、改修設計者のディテールへの思いと、石材加工の知識の深さを示すものである。

図94　山下公園　沈床花壇の縁石（2016）

95 港の見える丘公園 石のベンチ（神奈川県横浜市）

港の見える丘公園は横浜港を臨む山手地区に 1961（昭和 36）年に開園、その後徐々に整備拡充されてきた。山下公園と外国人墓地（⇒ 37）をつなぐ位置にある。外国人墓地側の入り口に、曲線を描く石のベンチが設けられている。外国人墓地にはベンチなど無いから、よい配慮である。

座面として石のブロックを連ねたベンチだが、曲線を美しく仕上げるためには、各ブロックの平面を長方形でなくわずかに扇形にしなくてはならない。現在はコンピューターが制御する石材加工機械の発達により、複雑な形でも量産が可能になった。

石のベンチは明色の花崗岩製、L 字形の断面形状で、表面はバーナー仕上げによりややざらついている。

石のベンチの脚に相当するところは、灰色の安山岩の雑割石であり、石のテクスチャーの精粗と色の明暗の対比もよい。

石のベンチは土止めも兼ね、背後にはまず芝生があり、その後ろに灌木が植栽されている。ベンチに座っても灌木の枝葉が背中に触れにくい。

長い石のベンチはすでにビル街でも見られる施設であり、公園緑地に設けるときには緑との関係に心配りがなされるべきであろう。

図 95　港の見える丘公園　石積みと石のベンチ（2016）

飛騨高山の宮川　堰と魚道の石組（岐阜県高山市）

96

飛騨高山の宮川朝市は川沿いの道にテントの露店が並び、多くの観光客が訪れる。河川改修が行われた宮川は、高水敷は緑地になっている。宮川は神通川に合流し日本海に注ぐので、川下は北である。

宮川は江名子川の合流地点より上流に堰があり、脇に魚道が設けられている。魚道は川を遡上し易く階段やスロープ等を設け、魚のための段差解消である。宮川ではアユや川マスが採れ、飛騨高山の季節の食材になる。朝市の道から見える、宮川の魚道の両側に石組が造られている。

堰も濃飛流紋岩の野面（のづら）の石を使っているが、魚道の両側に濃飛流紋岩の野面石の大小、形の異なるものを立て並べ、魚道の傾斜に沿いつつ宮川の流れの中で険しい岩場を思わせる造形的な石組になっている。両側に1列ずつという配置の制約がある石組である。川の水は階段状の魚道を急流になり、石組の隙間から岸の方向にほとばしる。曲線を持つ高水敷の石張りの護岸が縁取り、魚道の石組と水の景を引き立てている。この石組が造り物で虚構とは誰にもわかる。魚道の機能のみ考えれば無くてもよい。にもかかわらず、朝市の宮川の見せ場になっている。

現代の河川工事では、コンクリート使ってもむき出しにせず、表面に石を使う景観設計が普及した。

図96　宮川の堰と魚道の石組（2016）

97 寝姿山のロックガーデン（静岡県下田市）

下田港に近く高くそびえる寝姿山は、ロープウェイが山頂まで通う観光名所である。

山頂から下田港の展望が素晴らしいが、山頂に至る園路の脇のロックガーデンは地元の薄茶色の凝灰岩を組んで造られている。大きな割石の凝灰岩である。下から見上げる寝姿山は凝灰岩の岩頭が目を引くが、その景観のイメージも損なわないであろう。

ロックガーデンは、傾斜地にごつごつした岩石を隙間を空けて配し、隙間の土に植物を栽培する西洋の庭園技法である。都市公園や植物園の一隅に造られることが少なくない。岩石と植物が共に引き立て合うものである。

ロープウェイは山頂の直下で終点にし、観光客には徒歩で安全に楽しく山頂に向かってもらうのは、観光地計画の基本とされるが、山頂までの造園的なしつらえが期待されるところでもある。

図 97　寝姿山のロックガーデン（2016）

下田港　まどが浜海遊公園の「磯場」（静岡県下田市）

静岡県による下田港の整備に伴う広大な港湾緑地・まどが浜海遊公園には、広場のとなりに養浜工による砂浜がある。広場と砂浜の境に荒々しく石を組んだ「磯場」がつくられている。

細長く馬の背状に石を組み積み、足の踏み場を、随所に石を立て、つかまる石を確保し、潮だまりのポケットも造っている。粗い表面の薄茶色の凝灰岩を石材にしているが、早くも黒ずんでいる。観光港下田の家族連れの利用者には手ごろな磯遊びのできる場所であろう。

細長い馬の背状の石積みの形は須崎の低い山並みにもよく調和しており、潮の干満により磯場の石の海面上の見え方が変化する。

港湾法による緑地は、都市公園にはない面白いしつらえができる。

幕末の日米和親条約（1854（嘉永 7）年）締結により開港した下田にはペリーの艦隊が来航した。その後、下田に赴任したアメリカ領事ハリスを通じ、幕府の大老・井伊直弼は英仏に侵攻された清国の事情を知る。井伊から、前内大臣・三条実万にあてた手紙が残っており、日米修好通商条約調印（1858（安政 5）年）はやむをえないことで、日本が清国の轍を踏まないようにと大変な緊張感が伝わってくる。

下田市内は下田港をはじめ各所に幕末の史跡を残している。

図 98　まどが浜海遊公園の「磯場」（2016）

99　宍道駅の来待石（島根県松江市）

宍道(しんじ)湖の南西、JR 宍道駅構内に地元の来待石(きまちいし)を使い造園的なしつらえがなされている。来待石は淡い黄土色と滑らかな表面が美しい凝灰質砂岩で、江戸時代、松江藩は藩外に出荷するのを禁じ「お止め石」といわれた。伝統的に石灯籠に加工され、野面石は石組に用いられてきた。

駅のホームの一画に鉄道枕木で縁取りをしたスペースに、来待石の灯籠と庭石がある。春日灯籠と雪見灯篭を置いているが、来待石製は出雲石灯籠として知られる。春日灯籠は奈良の春日大社のものが本歌（原型）で、それに比べると細身である。

駅前広場には来待石製の現代的な四角柱の足元灯と来待石の正方形の舗石が配され、ロータリーには来待石の石組が見られる。淡い黄土色の石は全国的にも珍しく、地元の来待石の利用により鉄道駅に文字通り地方色を表している。宍道駅の東隣りに来待駅がある。

宍道湖と中海の北の島根半島、南の中国山地北端は新生代新第三紀の地質で、火山性の堆積岩からなり、グリーンタフ地帯と呼ばれる。来待石は中国山地北端の来待周辺の石切場から産出する。

各地の鉄道の駅のホームに、地元の庭石を据えているのを見かけるが、どうしてもスペースが狭小なので石はあまり引き立たない。

図 99　宍道駅ホーム　来待石の灯籠と庭石（2016）

図 99-2　宍道駅前　来待石の足元灯と舗石（2016）

図 99-3　宍道駅前　来待石の石組（2016）

100 横浜港　象の鼻パークの石積み（神奈川県横浜市）

外国に開いた横浜港はここから始まった。岸に近い海面を包むかのように湾曲して伸びる石積みの防波堤は昔から「象の鼻」と呼ばれた。波を遮り静かな海面を造りだす波止場の施設である。マストを持つ大きな蒸気船はその沖に停泊し、人も物も短艇に積み替えられ、短艇が波止場に入る。

港の海底を浚渫した深い航路と大きな桟橋があってこそ大型船は接岸できるが、それは港湾建設技術が高度に発達した後世のことである。

象の鼻は安山岩の切石で緩傾斜の断面に築造され、堤上の石壁の一部に古い石材が保存展示されている。緩傾斜の石積みは谷積み、先端のバルコニー状の場所の石積みは布積みである。象の鼻の防波堤の上は平坦で、短艇が波止場に出入りしていた当時は、積み荷と人があわただしく行き交ったが、いまは遊歩道になっている。遊歩道には柵があり、花崗岩の石柱に鎖が連なる。ふと見ると石積みの隙間をカニが棲家にしている。

象の鼻波止場は明治中期の姿に復元され、横浜開港 150 周年を記念して 2009（平成 21）年に港湾緑地・象の鼻パークは開園した。象の鼻からは MM21、赤レンガパーク、大桟橋など港を見渡すことができ、後背地には神奈川県庁舎、横浜税関庁舎のレトロな建物が迫る。波止場内側の水域はレクリエーション港湾として数々の船舶が停泊している。

図 100　象の鼻パークの石積み（2016）

主要参考文献

小林章（2015）：石と造園 100 話，東京農業大学出版会

小林章（1982）：造園材料としての白川砂の研究，造園雑誌 46（2）

小林章（1984）：京都における造園用石材の地域性の研究，造園雑誌，47（3）

小林章・金井格（1984）：造園材料としての那智砂利の研究，造園雑誌 47（5）

小林章（1990）：砂礫材料の色彩の表示について，造園雑誌 53（5）

小林章（1996）：石材・木材の加工とイメージ，東京農業大学農学集報 41（1）

Akira KOBAYASHI（1999）：Study of the Techniques for Expressing Regional or Local Characteristics with Landscape Materials, New Direction for the 21c. landscape Architecture, Eastern Regional Conference 1999, IFLA

小林章（2002）：金沢における戸室石利用の意義，ランドスケープ研究 65（5）

小林章・國井洋一（2011）：近代の石巻における神社境内の井内石製施設の展開，ランドスケープ研究 74（5）

丹羽桂太郎・小林章（2005）：日比谷公園開園時における二・三の施設の石材加工・利用技術，ランドスケープ研究 68（5）

林陽子・小林章（2002）：山下公園における造園建設技術，ランドスケープ研究 65（5）

林陽子・小林章（2005）：山下公園にみる再生，ランドスケープ研究 68 巻増刊・造園技術報告集 3

小林章（1986）：盛砂・砂壇，ストーンテリア 7

尼崎博正（1985）：古庭園の材料と施工技術に関する研究，京都芸術短期大学

飯島亮・加藤栄一（1978）：原色日本の石　産地と利用，大和屋出版

臨時議院建築局（1921）：本邦産建築石材

小山一郎（1931）：日本産石材精義，龍吟社

湊正雄・井尻正二（1976）：日本列島（第三版），岩波新書

藤岡換太郎・平田大二編著（2014）：日本海の拡大と伊豆弧の衝突—神奈川の大地の生い立ち，有隣新書

飛騨地学研究会編著（1988）：飛騨の大地をさぐる　20億年のドラマ，教育出版文化協会

半沢正四郎監修（1962）：宮城県地質図，内外地図株式会社

国土庁土地局（1976）：土地分類図（京都府）

経済企画庁総合開発局（1974）：土地分類図（和歌山県）

橋本亘（1965）：台湾地質見聞雑記（1），地学雑誌 74（6）

堀口捨巳（1977）：庭と空間構成の伝統，鹿島研究所出版会（原著は 1965 年）

田中正大（1967）：日本の庭園，ＳＤ選書，鹿島出版会

田中正大（1981）：日本の自然公園，相模書房
重森三玲（1969）：現代和風庭園　庭に生きる，誠文堂新光社
重森三玲（1974）：日本庭園歴覧辞典，東京堂出版
河原武敏（1992）：名園の見どころ　増補版3，東京農業大学出版会
三浦謙一（2013）：平泉の発掘庭園—発掘調査成果の整理を通じて—，岩手大学「平泉文化研究センター年報」
吉川需・高橋康夫（2001）：小石川後楽園（第3版），東京公園文庫，（財）東京都公園協会
岡山県教育委員会編（1962）：特別史跡並びに国宝及び重要文化財閑谷黌聖廟，閑谷神社々殿及び石塀保存修理（第二期）工事報告書
備前市歴史民俗資料館：平成15年度紀要　閑谷学校の建造物
小林章（2017）：近代の神社境内の研究動向，東京農業大学農学集報61（4）
湯島神社（1978）：湯島天神誌
土田吉左衛門他編（1988）：飛騨の神社，飛騨神職会
東京都建設局公園緑地部編（1975）：東京の公園百年
前島康彦（1994）：日比谷公園・改訂版，東京公園文庫，（財）東京都公園協会
石田繁之介（2012）：ジョサイア・コンドルの綱町三井倶楽部，南風舎
北村信正（1981）：旧古河庭園，東京公園文庫，郷学舎
吉田鋼市・久我万里子（1995）：ヨコハマ建築・都市物語，丸善
原田こずえ（1998）：インド水塔のこと，郷土よこはま132号，横浜市中央図書館
小形研三ほか（1972）：特集／都市環境とみず，ランドスケープ7
小形研三ほか（1978）：環境緑地③—緑地施設の設計—造園意匠論，鹿島出版会
東京大学森林風致計画学研究室・東京農業大学造園工学研究室編（1999）：景観の計画とデザイン　塩田敏志先生の研究の軌跡
越沢明（2001）：東京都市計画物語，ちくま学芸文庫（原著は1991年）
金井格他（1987）：人のための道と広場の舗装，技報堂出版
小林章・山口剛史・近藤勇一（2003）：造園の施設とたてもの—材料・施工—，コロナ社
竹村俊則校注（1976）：新版都名所図会，角川書店（原著は1780（安永9）都市）
鈴木棠三・朝倉治彦校注（1975）：新版江戸名所図会　上・中・下巻，角川書店（原著は1834（天保5）・1836（天保7）年）
ラフカディオ・ハーン著・池田雅之訳（2000）：新編日本の面影，角川文庫
産経新聞社会部編（1993）：東京風土図，社会思想社（原著は1959～1961年）

斎藤多喜夫（2012）：横浜外国人墓地に眠る人々─開港から関東大震災まで─，有隣堂

駒敏郎ほか（1972）：カラー京都の祭，淡交社

山本茂実（1976）：高山祭，朝日新聞社

高山市（1983）：高山市史第3巻

飛騨・高山天領三百年記念事業推進協議会編（1992）：飛騨高山明治・大正・昭和史

牛丸岳彦（2006）：飛騨高山の秋葉様とその信仰，岐阜県ミュージアムひだ　研究事業報告

奥出雲文化協会（1977）：横田のたゝらの歴史（上），横田文化・復刊27号

村上重良（1974）：慰霊と招魂，岩波新書

ケネス・ルオフ著・木村剛久訳（2010）：紀元二千六百年　消費と観光のナショナリズム，朝日選書

古川修（1963）：日本の建設業，岩波新書

米田雅子（2003）：田中角栄と国土建設，中央公論新社

索　引　（数字は100話中の番号、頁ではない）

■石材名

■岩石名

■施設・部材名

■石の表面と仕上げ

あとがき

造園の石材とそれを利用する技術は、地域の自然要素・人文要素を反映し、地域環境とりわけ景観の形成に大切な役割を果たす。たとえば京都の庭園に白川砂（花崗岩）が、東京の庭園・公園には灰色の安山岩が、頻繁に使われて造園作品に地域的な特色を表している。本書は石と造園の地域性を中心に編んでいないが、100 話の図からその一端を見ていただければと思う。東京農業大学の地域環境科学部に 2017（平成 29）年 4 月から、地域創成科学科が新たに加わり、しかも志願者は多数と聞いて感慨深く、その年に本書を上梓できることは大きな喜びである。

2016（平成 28）年に東京農業大学は創立 125 周年であったが、前身の育英黌農業科開校は日清戦争の直前であり、太平洋戦争敗戦までの半世紀、日本は戦争を繰り返していた。著者は戦後の東京生まれではあるが、戦争と敗戦後の困難な時期にも学灯を絶やさなかった先人たちに感謝したい。太平洋戦争の戦没学生の手記を集めた「きけわだつみのこえ」に、東京農業大学の卒業生・川島正（陸軍中尉）の『俺の子供はもう軍人にはしない。軍人にだけは……平和だ、平和の世界が一番だ。』という言葉が残る。

著者は日本各地を訪れたが、京都、金沢そして飛騨高山にはくりかえし調査に行った。それら戦災にほぼ遭わずに済み、古い町並みを残す都市も、高層ビルが増えてずいぶん変わった。しかし古い庭や公園が変わらずにあるのを見るとき、維持管理の地道な仕事の尊さを改めて思う。一方東京の変化は激しく、本書は記録する意味も考えて、東京にあって優れていたが、失われ、あるいは改造された造園作品からもいくつかを選んだ。

35 話の奥出雲町は畏友・故妹尾正己氏の故郷である。氏は東京農業大学造園大賞を「箱根サン＝テグジュペリ星の王子さまミュージアム」を企画した業績により受賞した人、氏から島根県のことを聞いておきたかった。

本書で採り上げた造園作品には東京農業大学農学部造園学科・地域環境科学部造園科学科の研究室の合宿等で、先生方・学生諸君と訪れた場所も含まれている。

本書の完成を亡き弟・小林正則の霊前に報告したい。正則は家族思いで、機械の優れたエンジニアであり、ドイツにも赴任したが、さびしがりやであった。

小林　章

著者略歴

小林章（こばやしあきら）

1974年　東京農業大学農学部造園学科卒業
1974年　東京都港湾局臨海開発部勤務
1977年　東京農業大学助手
1987年　東京農業大学専任講師
1996年　博士（農学）（東京農業大学）
1997年　東京農業大学助教授
1999年　日本造園学会賞（研究論文部門）受賞
2002年　東京農業大学教授
2016年　東京農業大学名誉教授 現在に至る

おもな著書

1998年　「ランドスケープ・コンストラクション」（共著）技報堂出版
2003年　「造園の施設とたてもの　材料・施工」（共著）コロナ社
2010年　「環境緑地学入門」（監修）コロナ社
2010年　「改訂 造園概論とその手法」（監修）職業訓練教材研究会
2011年　「造園用語辞典（第3版）」（共著）彰国社
2015年　文部科学省高等学校用教科書「造園技術」（編集・審査協力者）
2015年　「造園施工管理技術編（改訂27版）」（委員）日本公園緑地協会
2015年　「石と造園100話」東京農業大学出版会
2016年　「都市公園技術標準解説書（平成28年度版）」（検討委員）日本公園緑地協会

続・石と造園100話

2017（平成29）年4月17日　　初版第1刷発行

著者　小林　章
発行　一般社団法人東京農業大学出版会
代表理事　進士五十八
住所　156-8502　東京都世田谷区桜丘 1－1－1
Tel.03-5477-2666　Fax.03-5477-2747
http:www.nodai.ac.jp
E-mail:shuppan@nodai.ac.jp

印刷・製本／東洋印刷
ISBN978-4-88694-472-6 C3061 ￥2000E